Anoop Vadakkekara
Mary N L

# Nanocompósito de polidimetilsiloxano para aplicações em selantes

Anoop Vadakkekara
Mary N L

# Nanocompósito de polidimetilsiloxano para aplicações em selantes

ScienciaScripts

**Imprint**

Any brand names and product names mentioned in this book are subject to trademark, brand or patent protection and are trademarks or registered trademarks of their respective holders. The use of brand names, product names, common names, trade names, product descriptions etc. even without a particular marking in this work is in no way to be construed to mean that such names may be regarded as unrestricted in respect of trademark and brand protection legislation and could thus be used by anyone.

Cover image: www.ingimage.com

This book is a translation from the original published under ISBN 978-620-8-06513-3.

Publisher:
Sciencia Scripts
is a trademark of
Dodo Books Indian Ocean Ltd. and OmniScriptum S.R.L publishing group

120 High Road, East Finchley, London, N2 9ED, United Kingdom
Str. Armeneasca 28/1, office 1, Chisinau MD-2012, Republic of Moldova, Europe
Printed at: see last page
**ISBN: 978-620-8-23077-7**

# Conteúdo

# *Introdução*

## INTRODUÇÃO

O avanço da civilização depende do desenvolvimento de materiais modernos e das suas aplicações para realizar novas tecnologias e comercializá-las.[1] O ímpeto da investigação para o desenvolvimento destes materiais inteligentes e multifuncionais centra-se principalmente na sua utilização em revestimentos, espumas, películas, emulsões, tintas, adesivos, composições de envasamento, compósitos, etc.[2,3] Os polímeros, com as suas propriedades únicas, tais como elevada resistência e rigidez, leveza, estabilidade térmica, resistência à corrosão e boas caraterísticas de isolamento, podem ser considerados materiais importantes neste contexto.[4] A elevada procura de materiais poliméricos nos sectores aeroespacial, das naves espaciais, automóvel e da engenharia eléctrica e eletrónica levou ao desenvolvimento de novos tipos de materiais híbridos para aplicações de elevado desempenho com maior durabilidade.[5]

### 1.1 POLÍMEROS

Os polímeros são materiais multifuncionais e as suas diversas propriedades têm sido utilizadas para permitir a sua utilização como alternativas aos metais, vidro, cerâmica e madeira, embalagens, produtos de consumo, materiais de construção, aplicações electrónicas e eléctricas, automóveis, adesivos, vedantes, revestimentos, etc.[6-9] A conceção e o desenvolvimento de materiais poliméricos personalizados cresceram rapidamente nas últimas décadas, em resultado de uma correlação bem ordenada entre a estrutura e as propriedades do polímero. A composição química de um polímero pode ser adaptada para obter diferentes propriedades, tornando-os materiais versáteis.[10,11] As propriedades dos materiais poliméricos dependem significativamente da disposição macroscópica da cadeia na estrutura do polímero.[12] O sucesso dos materiais poliméricos num vasto espetro de aplicações é atribuído a caraterísticas específicas, tais como maior trabalhabilidade e estabilidade, natureza anticorrosiva, isolamento elétrico e térmico, propriedades de formação de película e maior resistência mecânica.[13,14] O comportamento mecânico é regido pelas forças intermoleculares ou secundárias, tais como as forças de Van der Waals e as ligações de hidrogénio presentes no polímero.[15] Com base na espinha dorsal do polímero, este pode ser classificado em polímeros orgânicos e inorgânicos.[16]

### 1.2 POLÍMEROS ORGÂNICOS E INORGÂNICOS

Os polímeros orgânicos são constituídos principalmente por átomos de carbono ligados entre si ou separados por heteroátomos como o oxigénio, o azoto ou o enxofre.[17] São derivados do petróleo, de plantas, de animais ou de microorganismos. Por conseguinte, são geralmente acessíveis em grandes quantidades a um custo moderado. São amplamente utilizados em revestimentos, adesivos, vedantes, automóveis, indústria aeroespacial, administração de medicamentos, etc.[18-20] Estes polímeros estão constantemente a ser modificados para se adaptarem às exigências tecnológicas e de engenharia. Exemplos de alguns dos polímeros naturais mais comuns são o amido, a celulose, o glicogénio, a pectina, as gomas vegetais, as proteínas, a seda, o colagénio, a caseína, as borrachas naturais, etc.[21-22]

Os termoplásticos, os termoendurecíveis e os elastómeros são três grandes categorias de materiais poliméricos. O esqueleto dos polímeros sintéticos comuns é constituído por ligações carbono-carbono, enquanto os polímeros heterochain têm outros elementos (por exemplo, oxigénio, enxofre, azoto).[23] Sucu et al. analisaram a química das ligações cruzadas e as aplicações de poliésteres e policarbonatos biodegradáveis. A polimerização controlada de polímeros reticulados degradáveis tem aplicações importantes em domínios industriais.[24] Os polímeros orgânicos sintéticos mais comuns são o policarbonato (PC), o cloreto de polivinilo (PVC), o polietileno de alta densidade (HDPE), o polietileno de baixa densidade (LDPE), o poliéster, o poliestireno, o poliuretano, o nylon e o teflon.[25-26]

Os polímeros inorgânicos, com a sua flexibilidade para modificações funcionais e propriedades físico-químicas únicas, permitem-lhes ser utilizados como suportes para outros produtos químicos moléculas.[27] Este facto ajuda no desenvolvimento de materiais feitos à medida que podem ser utilizados para conceber implantes biológicos que podem ser utilizados no corpo humano.[28] Devido a estas propriedades, podem ser considerados como tendo mais vantagens do que os seus homólogos orgânicos.[29] A incorporação de elementos inorgânicos na espinha dorsal do material polimérico pode alterar o ângulo de ligação e a mobilidade da ligação, o que pode ajudar a afinar as propriedades.[30] Assim, proporcionam uma oportunidade para o desenvolvimento de novos materiais que contribuirão para o avanço da tecnologia. Os polímeros mais utilizados são os polissiloxanos (silicone) e os polifosfazenos.[31] As técnicas tradicionais de polimerização, como a policondensação ou a polimerização por abertura de anel, têm sido utilizadas para preparar estes polímeros. A polimerização aniónica e catiónica por abertura de anel de siloxanos cíclicos e a policondensação de dialcoxissilanos podem ser utilizadas para preparar polissiloxanos. Nos silicones, a ligação entre o silício e o oxigénio é comparativamente mais forte e mais flexível do que a ligação CC.[32] As propriedades químicas do silicone podem ser alteradas através da incorporação de diferentes grupos funcionais na espinha dorsal.[33]

## 1.2.1 Resinas de silicone

As resinas de silicone são materiais híbridos com elevada estabilidade térmica, resistência à humidade, isolamento elétrico, estabilidade ambiental (oxigénio, luz solar e ozono), resistência à oxidação e baixa toxicidade.[34,35] A presença simultânea de grupos orgânicos ligados à estrutura inorgânica confere uma combinação de propriedades únicas que os tornam úteis como fluidos, resinas e elastómeros em várias aplicações. Por exemplo, os silicones são normalmente utilizados na indústria aeroespacial, devido à sua elevada estabilidade térmica. No domínio da eletrónica, são utilizados no isolamento elétrico, em composições de envasamento e em dispositivos semicondutores.[36-38] Devido à sua durabilidade a longo prazo, têm sido utilizados em vedantes, adesivos e revestimentos à prova de água. A excelente biocompatibilidade do silicone torna-o altamente aplicável para ser utilizado em cuidados pessoais, cuidados de saúde e implantes biomédicos.[39]

A fórmula geral do precursor de silicone $RnSiX_{(4-n)}$, em que R representa um resíduo orgânico e X é um grupo hidrolisável, como aciloxi, alcoxi ou halogéneo. São geralmente termicamente estáveis e solúveis em solventes comuns. Formam silanóis na presença de água e condensam-se para formar polímeros.[40] O peso molecular e o comprimento da cadeia do polímero são controlados através da utilização de agentes de terminação. Os silanos monofuncionalizados, como o trimetilclorosilano, têm sido utilizados como agentes de terminação. Os silanos tri ou tetra funcionalizados podem ser adicionados como agentes de reticulação para formar estruturas de rede 3D com comprimentos de cadeia variáveis, reticulação melhorada e grupos laterais orgânicos.[41,42] A polimerização do dimetilsilano bifuncional para a preparação de polidimetilsiloxano (PDMS) é apresentada na equação 1 e a imagem é apresentada na figura 1.1.

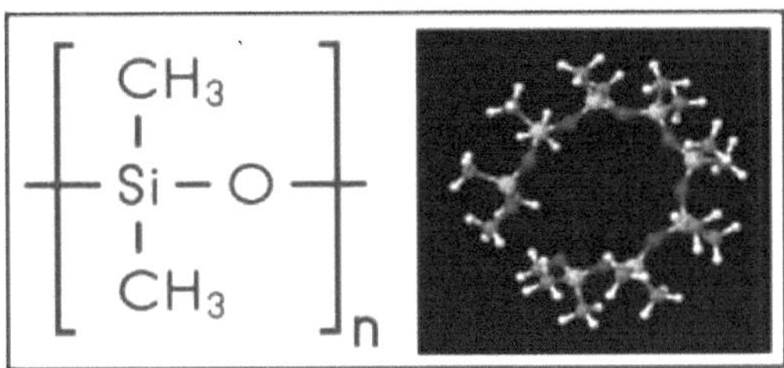

**Figura 1.1:** Estrutura química do polidimetilsiloxano

O polidimetilsiloxano (PDMS) pertence a um grupo de compostos poliméricos de organosilicone e é amplamente utilizado devido às suas propriedades distintivas, como a baixa temperatura de transição vítrea, a estabilidade termo-oxidativa, a hidrofobicidade, a elevada viscoelasticidade, a transparência à luz visível e a biocompatibilidade.[43-46] As propriedades específicas do PDMS são apresentadas no quadro 1.1.

**Tabela 1.1:** Propriedades do PDMS

| Sl. Não | Propriedades básicas do PDMS | Valores e unidades |
|---|---|---|
| 1 | Tensão superficial | 20,3 mN/m |
| 2 | Resistência dieléctrica | 120 kV/cm |
| 3 | Estabilidade oxidativa | 10 horas |
| 4 | Degradação térmica | >344 ° C |
| 5 | Resistência específica | $4* 10^{15}$ ohm.cm |
| 6 | Ângulo de contacto com a água | 110 ° |
| 7 | Constante dieléctrica | 2.8 |

A maioria destas propriedades deve-se à estrutura química inerente ao PDMS, em que o átomo de silício possui uma orbital d capaz de aceitar a densidade eletrónica de outros átomos.[47] A maior permeabilidade ao gás do PDMS permite a difusão fácil de gases, o que o torna adequado para aplicações médicas, como pensos para feridas e lentes de contacto.[48,49] As fortes redes de siloxano (Si-O-Si) tornam-no inerte a alterações químicas, pelo que pode ser utilizado em revestimentos protectores.[50,51] As modificações estruturais dos polidimetilsiloxanos são viáveis, uma vez que as cadeias terminais podem ser terminadas com vários grupos organofuncionais reactivos, permitindo assim a formação de copolímeros resultantes mais flexíveis, tal como referido por Yeh et al.[52] As propriedades podem ser melhoradas pela adição de grupos como o fenilo, o vinilo e o hidrogénio em vez dos grupos metilo do PDMS. De um modo geral, os PDMS com terminação hidroxilo (OH-PDMS) e com terminação vinilo (V-PDMS) são utilizados principalmente para a síntese em duas partes de vedantes e adesivos em domínios industriais.[53,54] As estruturas químicas de vários PDMS com terminação de grupos funcionais são apresentadas na Tabela 1.2 e as aplicações das resinas de silicone são apresentadas na Figura 1.2.

**Tabela: 1.2:** PDMS com diferentes grupos funcionais

| PDMS terminado (estrutura química) | Denominação química |
|---|---|

| | |
|---|---|
| 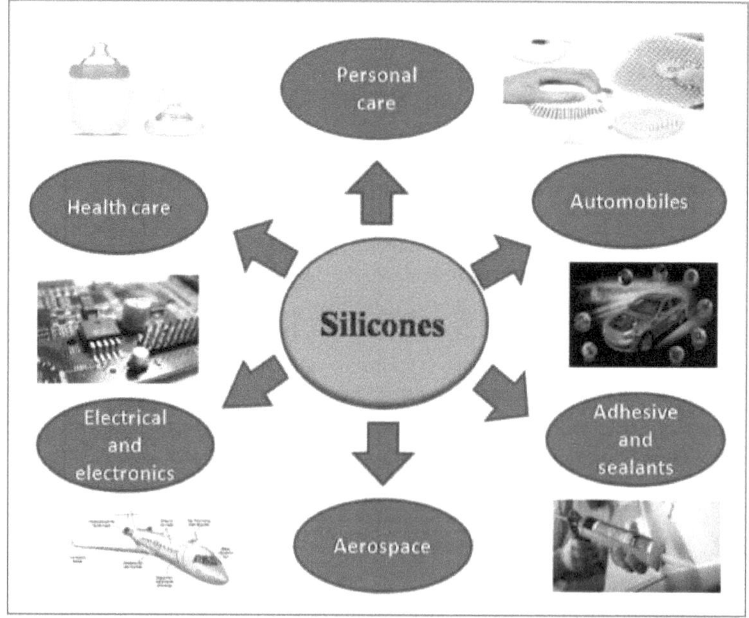 | Terminado em hidroxilo PDMS |
| | Com terminação em vinil PDMS |
| | PDMS com terminação aminopropil |
| | PDMS terminado em trimetilsilil |
| | PDMS com terminação de hidrogénio |
| | PDMS terminado em trimetoxisilil |



**Figura 1.2:** Aplicações das resinas de silicone

6

## 1.3 AGENTES DE CURA

O agente de cura (endurecedor) é utilizado para reticular a matriz polimérica através de reacções químicas para gerar redes termoendurecidas, infusíveis e duras.[63,64] As resinas poliméricas podem ser curadas por agentes de cura de baixo peso molecular e a escolha da resina e dos agentes de cura depende das aplicações finais, das caraterísticas de processamento (tempo de vida do recipiente, tempo de gel e viscosidade), do tempo de cura e da temperatura.[65] A cura é um processo irreversível que pode ser controlado pela ação do calor. O agente de cura pode reagir com as resinas a uma temperatura óptima e é altamente exotérmico. Lui et al. relataram o comportamento de cura de líquidos iónicos funcionalizados com amida na resina epóxi para aumentar a resistência mecânica do compósito epóxi.[66] A Figura 1.5 mostra a representação gráfica do efeito do agente de cura numa matriz polimérica.

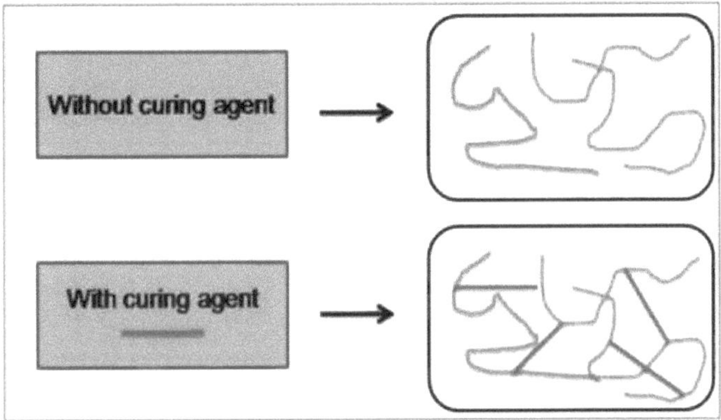


**Figura 1.5:** Representação gráfica da matriz polimérica não curada e curada

São utilizados diferentes tipos de agentes de cura para efetuar a cura de resinas orgânicas e inorgânicas. Os compostos de baixa viscosidade que contêm grupos silanol, alcoxi e silazano são utilizados como agentes de cura para resinas de silicone à temperatura ambiente.[67] Os principais tipos de mecanismos de cura utilizados para as resinas de silicone são a cura por condensação e a cura por adição (hidrossililação).[68,69] Os compostos à base de aminas são amplamente utilizados como agentes de cura duradouros e eficazes para as resinas epoxídicas. Os anidridos ácidos, as poliamidas, os mercaptanos, etc., também podem ser utilizados como agentes de cura para resinas epoxídicas.[70,71] Na cura com aminas aromáticas e alifáticas, a matriz da resina epoxídica apresenta propriedades melhoradas, tais como propriedades mecânicas melhoradas e elevada capacidade de adesão.[72] Este facto pode ser atribuído à formação de uma rede reticulada tridimensional em resultado da cura.[73] À temperatura ambiente, as aminas aromáticas reagem lentamente com a resina epoxídica e a taxa de cura pode ser aumentada por aquecimento.[74,75] Os iniciadores aniónicos e catiónicos também actuam como agentes de cura. São utilizados para catalisar a homopolimerização de resinas epoxídicas.[76] As aminas terciárias e os halogenetos metálicos actuam como catalisadores para a cura da resina epoxi. A homopolimerização das resinas epoxídicas depende principalmente da concentração e da estrutura química da amina terciária, bem como da temperatura de cura.[77] As propriedades físico-químicas do compósito curado são alcançadas na sua reticulação máxima. A temperatura e a relação entre a resina e o endurecedor afectam significativamente a densidade de reticulação final e as propriedades dos compósitos.[78] Os diferentes tipos de mecanismos de cura são classificados como

**1.3.1 Cura por condensação**

As resinas de silicone curadas por condensação baseiam-se em polissiloxanos com grupos hidrolisáveis ligados à cadeia lateral do polímero ou a grupos terminais combinados com um reticulador de silano hidrolisável. As reacções de condensação são geralmente realizadas com os grupos hidroxilo dos polímeros de silicone que formam uma rede após o processo de cura.[79,80] Os PDMS com terminação hidroxilo (OH-PDMS) são amplamente utilizados para preparar resinas de silicone. Os grupos hidroxilo do PDMS sofrem uma reação de condensação com agentes de reticulação de silano contendo grupos acetoxi ou alcoxi em condições ácidas ou ligeiramente básicas para formar uma forma tridimensional infusível. No processo, são libertados pequenos compostos como o ácido acético ou o álcool. Geralmente, é utilizado um catalisador à base de metal para iniciar as reacções de condensação e um catalisador metálico comummente utilizado é o dibutiltindilaurato (DBTDL).[81] O mecanismo da reação de condensação do agente de cura OH-PDMS e alcoxissilano é apresentado na figura 1.6.

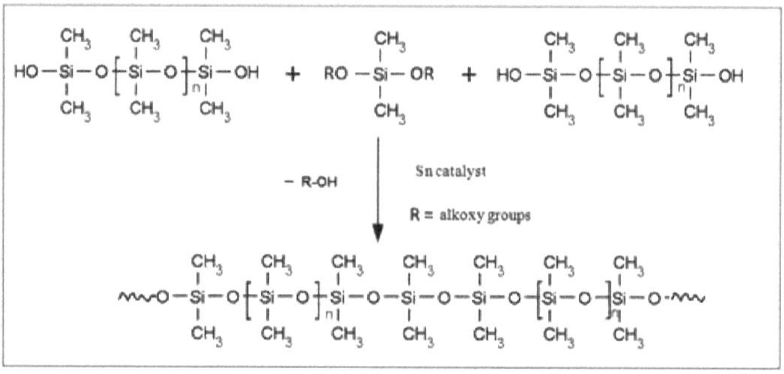

**Figura 1.6:** Reacções de condensação de OH-PDMS e agentes de cura de alcoxissilano

**1.3.2 Cura por adição**

A reação de cura por adição (hidrossililação) é uma reação de adição básica em que são utilizados catalisadores à base de platina para iniciar a reação de cura. Os agentes de cura de polimetil-hidrosiloxano (PMHS) contendo Si-H sofrem uma reação de adição com as resinas de silicone contendo grupos vinílicos para formar uma rede tridimensional curada.[82] Os PDMS com terminação vinílica (V-PDMS) são matrizes normalmente utilizadas para uma reação de cura por adição. Não são libertados subprodutos durante a reação de cura.[83] As vantagens e desvantagens da cura por condensação e adição de silicones são apresentadas no quadro 1.3.

**Tabela 1.3:** Diferentes tipos de química de cura do PDMS

| Método de cura | Reagentes | Vantagens | Desvantagens |
|---|---|---|---|
| Cura por condensação | PDMS com terminais hidroxilo/alcoxi e silanos tri ou tetra funcionais | Cura à temperatura ambiente Não tóxico Baixo custo Maior resistência ao rasgamento Reticulação selectiva Transparente | Remoção de subprodutos Sensível à humidade Elevado encolhimento Sensível ao material de enchimento Cura lenta |

8

| | | Maior duração da panela | |
|---|---|---|---|
| Cura por adição | PDMS com terminação vinílica e polimetil-hidrosiloxano | Altamente reativo Sem formação de subprodutos Reticulação selectiva Cura eficaz mesmo na presença de humidade Maior resistência ao calor Maior resistência mecânica Transparente | Menor tempo de vida útil Custo mais elevado Sensível a ácidos e bases Cura rápida |

## 1.4 MATERIAIS NANOESTRUTURADOS

Os nanomateriais podem ser considerados como unidades fundamentais para materiais compósitos altamente eficientes devido ao seu melhor desempenho em termos de aplicação.[87,88] Os nanotubos, nanobastões, nanofios e nanofilmes podem ser utilizados em combinações criteriosas para formar compósitos multifuncionais que podem desempenhar tanto funções estruturais primárias como funções secundárias relacionadas com aplicações.[89,90] As propriedades físicas destes materiais dependem muito das suas dimensões à escala nanométrica. A maior razão entre a área de superfície e o volume (razão de aspeto) do nanomaterial permite uma melhor interação entre a matriz polimérica e a carga, o que melhora o desempenho dos nanocompósitos.[91] As suas propriedades mecânicas podem ser alteradas substancialmente através da diminuição do tamanho das nanopartículas. Estes materiais podem ser utilizados como cargas ou agentes de reforço na preparação de compósitos para aplicações em adesivos, administração de medicamentos específicos, dispositivos electrónicos, células fotovoltaicas, catalisadores, etc.[92] Pokropivny et al. apresentaram um estudo pormenorizado da classificação dos nanomateriais com base na sua dimensão e nas suas aplicações de engenharia.[93] A Figura 1.8 mostra a representação esquemática do gráfico da densidade de estados versus energia de nanopartículas de dimensão zero, um, dois e três.

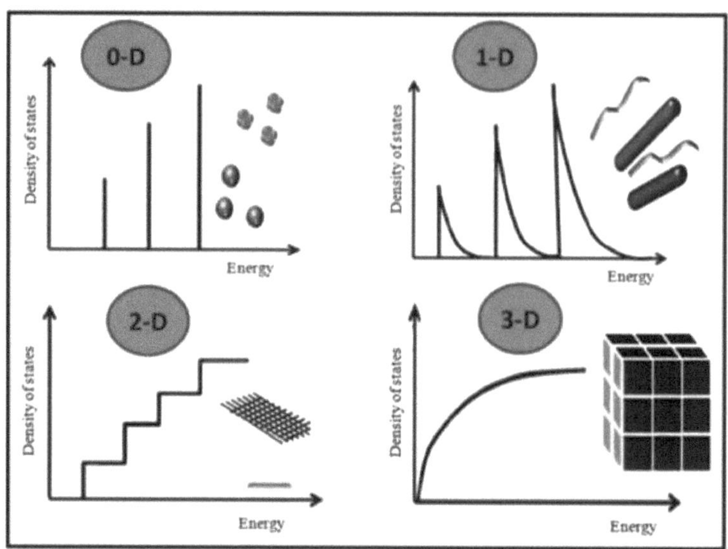

**Figura 1.8:** Representação esquemática do sistema de 0-dimensão (1-D), 1-dimensão (1-D), 2-dimensão (2-D) e 3-dimensão (3-D) com a sua correspondente densidade de estados

## 1.5 AGENTES DE REFORÇO

Os agentes de reforço, também conhecidos como cargas, são nano/micro partículas que podem ser incorporadas em polímeros para melhorar as propriedades e reduzir o custo do material polimérico resultante.[94,95] Podem ser feitos à medida para obter boas interações físicas e químicas entre o material de enchimento e a matriz polimérica.[96] O reforço de cargas na matriz polimérica pode ser contínuo (fibras, filamentos ou fitas) ou descontínuo (bigodes, flocos ou partículas).[97] São amplamente utilizados para modificar as propriedades mecânicas e térmicas dos nanocompósitos. As nanocargas actuam como fase dispersa, enquanto a matriz polimérica é a fase de dispersão.[98] Coetzee et al. analisaram a influência das nanopartículas nas propriedades mecânicas, térmicas e eléctricas dos materiais compósitos. Observou-se que, com a incorporação de nanopartículas adequadas, todas as propriedades acima mencionadas apresentam uma melhoria significativa.[99]

A dimensão das partículas da carga influencia fortemente a área de contacto interfacial entre a carga e a matriz polimérica.[100] Podem ser utilizados dois métodos para a preparação de nanomateriais: bottom-up e top-down. No método "bottom-up", os componentes moleculares auto-montam-se para conceber nanoestruturas, ao passo que, no método "top-down", os nanomateriais são obtidos a partir de materiais a granel que se desgastam gradualmente até se obter a forma desejada.[101] Os nanocarregadores utilizados comercialmente para a preparação de nanocompósitos são a sílica, os nanotubos de carbono, o POSS, etc.

### 1.5.1 Nanopartículas de sílica

As nanopartículas de sílica são materiais amorfos cuja química de superfície pode ser modificada para obter compósitos super-hidrofóbicos, super-hidrofílicos ou omnifílicos altamente funcionais.[102,103] A sílica precipitada, a pirogénica e os aerogéis são três tipos de sílica sintética que podem ser utilizados como nanocargas.[104] A sílica precipitada e a sílica pirogénica (fumada) estão normalmente disponíveis em pó ou em coloides.[105] A sílica pirogénica é obtida por um processo de vapor a alta temperatura em que o SiC14 é hidrolisado numa chama de oxigénio-hidrogénio, de acordo com a equação 2.

$$SiCl_4 + 2H_2 + O_2 \longrightarrow SiO_2 + 4HCl \qquad (2)$$

Os produtos são arrefecidos imediatamente após a saída do queimador. A sílica precipitada contém cerca de 10-14% de água com tamanho de partícula na gama de 1-40 nm. São utilizadas como cargas de reforço dos polímeros para aumentar a resistência à tração, a resistência ao rasgamento, a resistência à abrasão e a dureza.[106]

As nanopartículas de sílica têm uma área de superfície específica elevada e uma superfície não porosa. Estas propriedades são responsáveis pelo aumento da interação física entre o material de enchimento e a matriz.[107] A dispersão destas nanopartículas na matriz pode ser controlada por vários métodos de modificação química e física.[108-110] Foram utilizados diferentes métodos para melhorar a compatibilidade entre o polímero e a nanosílica. A modificação da superfície da nanosílica pode ser efectuada por métodos químicos ou físicos.[111] Nas modificações químicas, a superfície da nanosílica é tratada quimicamente com modificadores, o que permite uma interação mais forte entre os modificadores e a sílica, tal como referido por Xiao et al.[112] Os agentes de acoplamento de silano são agentes modificadores amplamente utilizados, uma vez que possuem grupos hidrolisáveis nas suas extremidades[113,114] A estrutura geral dos agentes de acoplamento pode ser representada como RSiX3, em que X representa os grupos hidrolisáveis, que são normalmente grupos metoxi, etoxi ou cloro, e o grupo R pode ter uma variedade de funcionalidades, consoante os requisitos do polímero.[115] Os grupos hidroxilo na superfície do SiO2 reagem com o grupo funcional X, enquanto a cadeia alquilo reage com o polímero para melhorar a compatibilidade do material de enchimento com a matriz.[116,117]

As modificações da superfície podem ser utilizadas através da adsorção de vários tensioactivos ou macromoléculas na superfície das partículas de sílica.[118] O grupo polar do tensioativo adsorve-se preferencialmente à superfície da sílica por interações electrostáticas. Estes tensioactivos diminuem a interação entre as partículas de sílica no interior dos aglomerados e, por conseguinte, podem ser facilmente dispersos numa matriz polimérica sem formar grandes agregados.[119,120] Estes aglomerados podem ser facilmente fragmentados através da adição de outros reforços, como plastificantes, lubrificantes e emulsionantes, o que promove interações físicas eficazes entre a matriz e a carga.[121,122] São também utilizados no fabrico de produtos translúcidos de adesivos, vedantes e composições de envasamento.[123]

As nanopartículas de sílica disponíveis no mercado foram utilizadas para a preparação de compósitos. A sílica pirogénica tratada com dimetildiclorosilano (DDS), conhecida comercialmente como Aerosil R 972, tem propriedades melhoradas, tais como resistência à água, natureza hidrofóbica e bom controlo reológico.[124] Devido a estas propriedades, é amplamente utilizada para selantes de silicone, adesivos, revestimentos, etc. As aplicações das nanopartículas de sílica apresentadas na figura 1.9

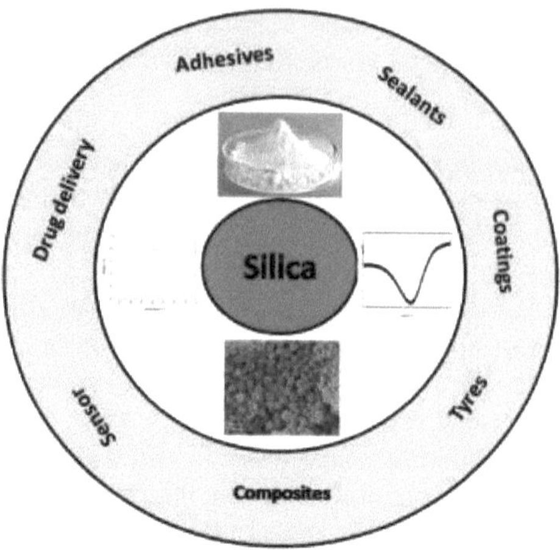


**Figura 1.9:** Aplicações das nanopartículas de sílica

## 1.5.2 Silsesquioxanos oligoméricos poliédricos (POSS)

Os nanocompósitos poliméricos reforçados com silsesquioxanos oligoméricos poliédricos (POSS) têm suscitado recentemente grande interesse devido a propriedades como a facilidade de processamento, a flexibilidade de modificação da superfície, a disponibilidade comercial e a excelente compatibilidade com materiais orgânicos.[132-134] Os silsesquioxanos são compostos híbridos nanoestruturados com a fórmula empírica $RSiO1_{.5}$, em que R é um átomo de hidrogénio ou um grupo funcional orgânico, como hidroxilo, acrilato, alquilo, alquileno ou uma unidade epóxida.[135] O POSS é considerado como uma nanopartícula de sílica bem definida, de dimensão zero (estrutura esférica), altamente simétrica e multifuncional.[136] No POSS, o núcleo da rede Si-O-Si é considerado muito rígido e inerte devido à forte sobreposição de dois pares de electrões solitários no oxigénio com a orbital d vaga do Si. Em comparação com a energia de ligação do Si-C (328 $kJmol^{-1}$) e do C-C ($348kJmol^{-1}$), a energia de ligação do Si-O (446 $kJmol^{-1}$) é muito elevada.[137] Devido à combinação eficaz das propriedades de ambas as partes inorgânicas e orgânicas, apresenta uma elevada estabilidade oxidativa e módulo, juntamente com baixa toxicidade, boa solubilidade e ductilidade melhorada.[138] É muito flexível e oferece muitas vantagens em diferentes domínios devido às suas propriedades únicas, como a monodispersão com uma estrutura bem definida, elevada estabilidade térmica, baixa densidade e propriedades de superfície controláveis.[139]

Os POSS podem ser decorados com funcionalidades orgânicas adequadas, o que os torna um material promissor para a modificação de polímeros.[140] A funcionalidade bem controlável torna-os compatíveis com diversas matrizes poliméricas a nível molecular, criando sítios reactivos ou modificando as propriedades interfaciais. O POSS tem sido amplamente utilizado como nanoenchimento inorgânico para a preparação de materiais híbridos inorgânicos/orgânicos.[141] Estas propriedades permitem um melhor desempenho na aplicação de matrizes poliméricas incorporadas com POSS.[142] O grupo orgânico reativo na superfície do POSS (por exemplo, hidroxilo, ácidos, aminas, vinil) pode ser enxertado com a matriz polimérica através de ligações covalentes, o que é responsável pelo aumento das propriedades gerais da matriz polimérica com a incorporação do POSS.[143]

Trata-se de uma fração ecológica, inodora, não tóxica e citocompatível que não produz quaisquer componentes orgânicos voláteis. Podem ser incorporados na matriz polimérica através de mistura, reticulação, enxerto ou copolimerização.[144] A porção orgânica da molécula proporciona compatibilidade com a matriz polimérica para facilitar a sua dispersão uniforme em toda a matriz polimérica.[145] A adição destas porções a um material polimérico pode melhorar drasticamente a sua estabilidade mecânica e térmica, bem como reduzir a sua inflamabilidade, a evolução do calor e a viscosidade durante o processamento.[146] A parte rígida do núcleo de siloxano proporciona estabilidade química, térmica e mecânica aos compósitos poliméricos.[147] Devido a estas propriedades únicas, pode ser utilizado para a formulação de uma vasta gama de polímeros termoplásticos comerciais, polímeros termoplásticos e polímeros termoendurecíveis.[148,149] Os materiais nanocompósitos de polímeros POSS possuem aplicações tecnológicas interdisciplinares. A sua potencial aplicação como agente de reforço em nanocompósitos poliméricos, sensores, adesivos, foto-resistências, composições de envasamento, semicondutores, lubrificantes de alta temperatura, etc., é apresentada na figura 1.11.[150,151]

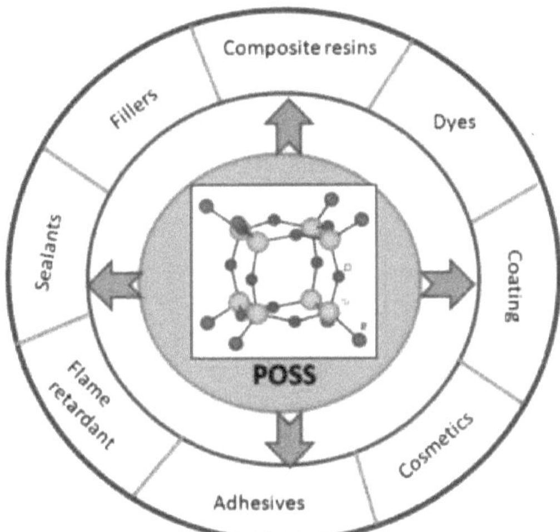



Figura 1.11: Aplicações do POSS

**Síntese de POSS**

O metil POSS com a fórmula molecular $(CH3SiO1.5)_n$ foi sintetizado pela primeira vez através da termólise dos produtos obtidos da co-hidrólise do metiltriclorosilano e do dimetilclorosilano.[152] Posteriormente, foram efectuadas muitas modificações sintéticas para obter um maior rendimento. O método mais comum para a produção de POSS monofuncionais é a condensação hidrolítica de monómeros trifuncionais com a fórmula molecular RSiX3, em que X é o substituinte reativo, como Cl, metilo, fenilo ou vinilo, e R é um grupo orgânico.[153] O esquema geral de reação do método de condensação hidrolítica para a preparação de POSS é apresentado a seguir.

$$RSiX_3 + 1.5n\ H_2O \xrightarrow[\text{temperature}]{\text{Catalyst}} (RSiO_{1.5})_n + 3n\ HX \qquad (3)$$

Neste mecanismo de reação, o triclorossilano ou trialcoxissilano é hidrolisado em silanóis que, em seguida, sofrem reacções de condensação para formar ligações siloxano. O rendimento final do composto POSS depende da velocidade de reação e do grau de oligomerização, dependendo da concentração do trialcoxi (cloro) silano utilizado, da reatividade dos grupos funcionais e do tipo de catalisador utilizado.[154] Os silanóis com grupos R volumosos preferem frequentemente reacções catalisadas por bases, enquanto os grupos R mais pequenos preferem reacções catalisadas por ácidos.[155]

**1.6.1 Preparação de nanocompósitos poliméricos**

São utilizadas diferentes técnicas para a preparação de nanocompósitos, dependendo principalmente da natureza da matriz polimérica e das nanopartículas utilizadas. Para a dispersão uniforme das nanopartículas na matriz polimérica, são geralmente utilizados três métodos, nomeadamente, a moldagem em solução, a mistura por fusão e a polimerização in situ.[183-185]

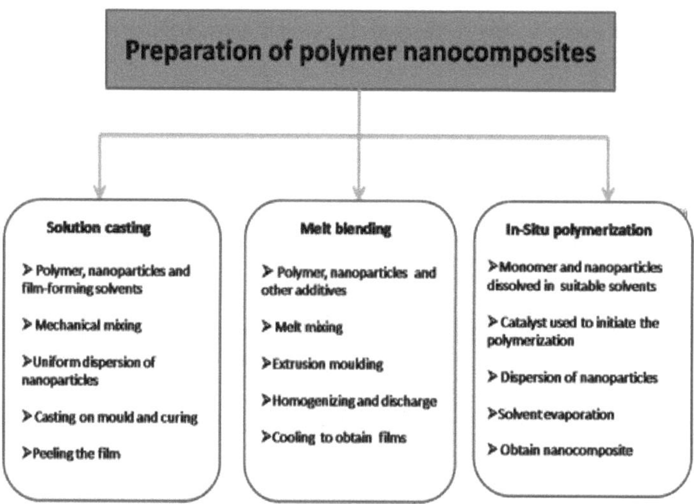


**Figura 1.12:** Preparação de nanocompósitos poliméricos

**1.7 ADESIVOS     E VEDANTES**

As resinas de silicone e epóxi são amplamente utilizadas no domínio das aplicações de adesivos e vedantes.[186] Os adesivos e vedantes de silicone são classificados como sistemas de um componente e sistemas de dois componentes. São essencialmente uma combinação única de polímeros, cargas e outros aditivos que apresentam uma excelente estrutura química, juntamente com propriedades inerentes superiores.[187] Os adesivos e vedantes à base de silicone têm uma elevada resistência à temperatura e um elevado grau de flexibilidade quando comparados com outros adesivos.[188] Estão comercialmente disponíveis em produtos de adição ou condensação de dois componentes. Existem duas categorias de vedantes de dois componentes, nomeadamente, vedantes curados por condensação e vedantes curados por adição.[189] Os vedantes funcionam selando uma junta entre vários componentes ou substratos de construção.[190] Aderem aos substratos e resistem aos movimentos da junta sem se separarem do substrato ou sem se rasgarem. A vedação é uma barreira contra influências ambientais específicas que, dependendo da aplicação prevista, podem incluir correntes de ar, humidade, água sob pressão, poeira, areia, etc.[191] São apreciadas sobretudo pelo seu comportamento elástico.[192] As suas principais vantagens são o facto de possuírem baixa retração, serem isentos de solventes, retardadores de chama, estáveis à luz UV, estabilidade oxidativa e hidrolítica, elevado grau de alongamento e resistência às intempéries.[193]

O promotor de adesão é adicionado aos vedantes de silicone para melhorar o desempenho de adesão dos vedantes a substratos diferentes.[194] Foram também utilizados aditivos como plastificantes, lubrificantes, pigmentos, etc.[195] Os plastificantes são adicionados à composição para ajustar a reologia e o movimento segmentar da cadeia polimérica aumenta quando o material curado é alongado ou comprimido na configuração da junta.[196]

O mecanismo de falha das juntas adesivas pode ser classificado de três formas.[207,208]

(1) Falha do substrato (estrutural): Ocorre quando a resistência do substrato é inferior à do adesivo e à força de ligação do adesivo. As alterações físicas ou químicas do substrato também podem resultar em falha estrutural devido à deterioração das suas propriedades mecânicas.

(2) Falha adesiva/interfacial: Ocorre ao longo da interface entre a camada adesiva e a aderida. Durante o tratamento da superfície, a contaminação tem de ser removida eficazmente para se obter uma adesão uniforme.

(3) Falhas coesivas: Esta falha é normalmente causada por cisalhamento, tensão de descamação ou uma combinação de cisalhamento e descamação. É normalmente causada por concepções deficientes e porosidade excessiva.

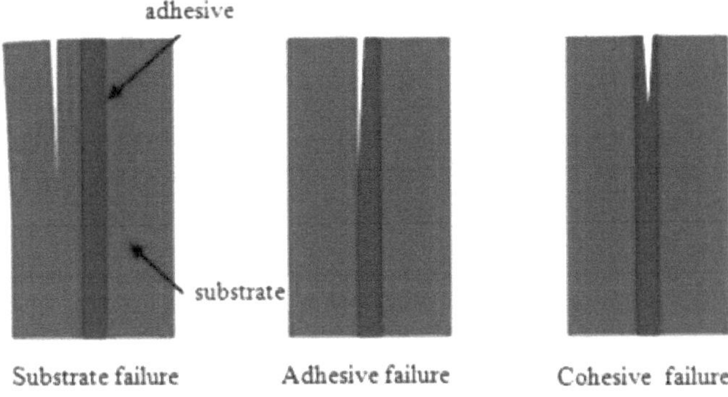


Figura 1.13: Mecanismo de rotura das juntas adesivas

**REFERÊNCIAS**

1. Ogunsona, E. O., Panchal, P. & Mekonnen, T. H. Surface grafting of acrylonitrile butadiene rubber onto cellulose nanocrystals for nanocomposite applications. *Compos. Sci. Technol.* **184**, 107884 (2019).

2. Bahramnia, H., Mohammadian Semnani, H., Habibolahzadeh, A. & Abdoos, H. Revestimentos de nanocompósitos de epóxi/poliuretano para aplicações anti-erosão/desgaste: Uma revisão. *J. Compos. Mater.* **54**, 3189-3203 (2020).

3. Rajabi, N. *et al.* Um hidrogel nanocompósito adesivo e injetável de gelatina tiolada/gelatina metacrilato/Laponite como potencial selante cirúrgico. *J. Colloid Interface Sci.* **564**, 155-169 (2020).

4. Liu, Z. *et al.* Revestimentos ORMOSIL integrados de dupla função com nanocompósito AgNPs@rGO para aplicações de resistência à corrosão e anti-incrustantes. *ACS Sustain. Chem. Eng.* **8**, 6786-6797 (2020).

5. Vidya, Mandal, L., Verma, B. & Patel, P. K. Revisão sobre nanocompósitos de polímeros para aplicações balísticas e aeroespaciais. *Mater. Today Proc.* **26**, 3161-3166 (2019).

6. Tomlinson, E. P., Hay, M. E. & Boudouris, B. W. Radical polymers and their application to organic electronic devices. **Macromolecules 47**, 6145-6158 (2014).

7. Taylor, D., Dalgarno, S. J., Xu, Z. & Vilela, F. Polímeros porosos conjugados: Materiais incrivelmente versáteis com aplicações de grande alcance. *Chem. Soc. Rev.* **49**, 3981-4042 (2020).

8. El Rhazi, M. *et a l.* Progressos recentes em nanocompósitos à base de polímeros condutores: aplicação como sensores electroquímicos. *Int. Nano Lett.* **8**, 79-99 (2018).

9. Oladele, I. O., Omotosho, T. F. & Adediran, A. A. Polymer-Based Composites: Um Material Indispensável para Aplicações Actuais e Futuras. *Int. J. Polym. Sci.* **20**, 1-12 (2020).

10. Zheng, T., Schneider, A. M. & Yu, L. Stille Polycondensation: A Versatile Synthetic Approach to Functional Polymers. *Synth. Methods Conjug. Polym. Carbon Mater.* **11**, 1-58 (2017).

11. Wang, K. *et al.* Materiais poliméricos funcionais avançados. *Mater. Chem. Front.* **4**, 1803-1915 (2020).

12. Ahmad, F., Yuvaraj, N. & Bajpai, P. K. Effect of reinforcement architecture on the macroscopic mechanical properties of fiberous polymer composites: A review. *Polym. Compos.* **41**, 2518-2534 (2020).

13. Zhu, J., Birgisson, B. & Kringos, N. Polymer modification of bitumen: Avanços e desafios. Eur. Polym. J. **54**, 18-38 (2014).

14. Bhat, S. I., Ahmadi, Y. & Ahmad, S. Recent Advances in Structural Modifications of Hyperbranched Polymers and Their Applications (Avanços recentes nas modificações estruturais de polímeros hiperbranqueados e suas aplicações). *Ind. Eng. Chem. Res.* **57**, 10754-10785 (2018).

15. Armstrong, G. & Buggy, M. Polímeros supramoleculares com ligações de hidrogénio: Uma revisão da literatura. J. Mater. Sci. **40**, 547-559 (2005).

16. George, S. M., Yoon, B. & Dameron, A. A. ChemInform Abstract: Surface Chemistry for Molecular Layer Deposition of Organic and Hybrid Organic- Inorganic Polymers. *ChemInform.* **40**, 498-508 (2009).

17. Hora, J., Hall, C., Evans, D. & Charrault, E. Inorganic Thin Film Deposition and

Application on Organic Polymer Substrates. *Adv. Eng. Mater.* **20**, 1-18 (2018).

18. Chen, G. *et al.* Organogéis intrínsecos auto-regenerativos baseados numa rede dinâmica de polímeros com secreção auto-regulada de líquido para anti-gelo. *Prog. Org. Coatings.* **144**, 1-10 (2020).

19. Zhou, Y. *et al.* Thin Plasma-Polymerized Coatings as a Primer with Polyurethane Topcoat for Improved Corrosion Resistance. *Langmuir.* **36**, 837-843 (2020).

20. Tang, W. *et al.* Poly(N-vinylcarbazole) (PVK) as a high-potential organic polymer cathode for dual-intercalation Na-ion batteries. *Org. Electron.***75**, 1-6 (2019).

21. Durmaz, B. & Aytac, A. Desenvolvimento e caraterização de películas de mistura de poli(álcool vinílico) e caseína. *Polym. Int.* **68**, 1140-1145 (2019).

22. Noor Azammi, A. M., Sapuan, S. M., Ishak, M. R. & Sultan, M. T. H. Propriedades mecânicas e térmicas de compósitos de poliuretano termoplástico reforçado com Kenaf (TPU) - borracha natural (NR). *Fibers Polym.***19**, 446-451 (2018).

23. Hobbs, C. E. Avanços recentes em aditivos retardadores de chama de base biológica para materiais poliméricos sintéticos. *Polymers (Basel).***11**, 1-31(2019).

24. Sucu, T. & Shaver, M. P. Poliésteres e policarbonatos reticulados inerentemente degradáveis: Resinas para ser alegre. *Polym. Chem.* **11**, 6397-6412 (2020).

25. Singh, A. K., Siddhartha & Yadav, S. Mechanical peculiarity of nano BN filled polyester based homogeneous nanocomposites and their FGMs - A comparative study. *Mater. Today Proc.***25**, 908-912 (2019).

26. Omri, N., Oualha, M. amine, Brison, L., Vahabi, H. & Laoutid, F. Novo nanocompósito baseado em EVA/PHBV/[60]Fulereno com propriedades térmicas melhoradas. *Polym. Test.* **81**, 1-29 (2020).

27. Kumar Mishra, R., Eren, T. & Wang, D. Y. Inorganic polymers as flame-retardant materials. *Smart Inorg. Polym. Synth. Prop. Emerg. Appl. Mater. Life Sci.* **16**, 197-241 (2019).

28. Guo, R. *et al.* Síntese e propriedades de polissiloxanos termoplásticos e dissolvíveis contendo silsesquioxano oligomérico poliédrico. *J. Polym. Sci.* **58**, 3183-3195 (2020).

29. Kim, M. cheol, Jang, S., Choi, J., Kang, S. M. & Choi, M. Moth-eye Structured Polydimethylsiloxane Films for High-Efficiency Perovskite Solar Cells. *NanoMicro Lett.* **11**, 1-10 (2019).

30. Shi, Y. *et al.* Uma combinação de POSS e polifosfazeno para reduzir os riscos de incêndio da resina epoxídica. *Polym. Adv. Technol.***29**, 1242-1254 (2018).

31. Choi, S. Bin *et al.* Fotodetectores capacitivos auto-regeneráveis com capacidade de estiramento baseados em compostos de partículas de ZnS:Cu e elastómero de silicone com reticulação reversível. *Adv. Mater. Technol.* **5**, 1-10 (2020).

32. Jiang, W. *et al.* Modificação de resina acrílica de silicone nano-híbrida com propriedades anticorrosivas e hidrofóbicas. *Polym. Test.* **82**, 1-35 (2020)

33. Amarnath, N., Appavoo, D. & Lochab, B. Eco-Friendly Halogen-Free Flame Retardant Cardanol Polyphosphazene Polybenzoxazine Networks. *ACS Sustain. Chem. Eng.* **6**, 389-402 (2018)

34. Thiemecke, J. & Hensel, R. Contact Aging Enhances Adhesion of Micropatterned Silicone Adhesives to Glass Substrates. *Adv. Funct. Mater.* **30**, 1-11 (2020).

35. Gui, D. *et al.* Funcionalização de cristal líquido de nanoplaquetas de grafeno para melhorar as propriedades térmicas e mecânicas de compósitos de resina de silicone. *RSC Adv.* **6**, 35210-35215 (2016).

36. Zhang, T., Cheng, Q., Jiang, B. & Huang, Y. Conceção de um novo filme nanocompósito flexível de polianilina/polisiloxano e sua aplicação em sensores de gás. *Compos. Part B Eng.* **196**, 1-8 (2020).

37. Selim, M. S. *et al.* Nanocompósito de silicone / Ag @ SiO2 core-shell como um material de revestimento anti-incrustante autolimpante. *RSC Adv.* **8**, 9910-9921 (2018).

38. Shree Meenakshi, K., Pradeep Jaya Sudhan, E., Ananda Kumar, S. & Umapathy, M. J. Desenvolvimento de nanocompósitos de tetraglicidil epóxi à base de dimetilsiloxano para aplicações de alto desempenho, aeroespaciais e de engenharia avançada. *Prog. Org. Coatings.* **74**, 19-24 (2012).

39. Cheng, W., Kai, D., Loh, X. J., He, C. & Li, Z. Copolímeros de silicone para aplicações em cuidados de saúde e cuidados pessoais. *Silicon Contain. Hybrid Copolym.* **21**, 145-166 (2020).

40. Chen, D., Gao, H., Liu, P., Huang, P. & Huang, X. Aerogéis robustos de silsesquioxano e metilsiloxano secos diretamente à pressão ambiente: Efeitos de precursores e solventes. *RSC Adv.* **9**, 8664-8671 (2019).

41. Mosurkal, R. *et al.* Reticulação de copolímeros de polidimetilsiloxano com dianidridos aromáticos: O estudo das propriedades térmicas e retardadoras de chama. *J. Macromol. Sci. Part A Pure Appl. Chem.* **46**, 1228-1232 (2009).

42. Kobayashi, K., Takimoto, S. & Osawa, Z. Efeitos de reticulação na força de libertação de agentes de libertação de silicone de cura por adição em sistemas modelo. *Polym. Bull.* **41**, 77-84 (1998).

43. Sondhi, K. *et.al.* Airbrushing and surface modification for fabricating flexible electronics on polydimethylsiloxane. *J. Micromech. Microeng.* **26**, 1-32 (2018).

44. Sun, Y., Sui, X., Wang, Y., Liang, W. & Wang, F. Sistema de degelo eletrotérmico ativo e anti-gelo passivo baseado num nanocompósito biomimético ultraflexível de nanofios de carbono (CNW)/PDMS com uma superfície de microcoluna super-hidrofóbica. *Langmuir.* **36**, 14483-14494 (2020).

45. Bhandaru, N., Agrawal, N., Banik, M., Mukherjee, R. & Sharma, A. Hydrophobic recovery of cross-linked polydimethylsiloxane films and its consequence in soft nano patterning. *Bull. Mater. Sci.* **43**, 1-10 (2020).

46. Hu, H. *et al.* PDMS hidrofílico com uma estrutura tipo sanduíche e sem perda de propriedades mecânicas e transparência ótica. *Appl. Surf. Sci.* **15**, 144126 (2019).

47. Shin, E. A., Lee, S. B., Kim, G. H., Jung, J. & Lee, C. K. Enhanced Interfacial Adhesion of Polydimethylsiloxane (PDMS) by Control of the Crosslink Density. *J. Nanosci. Nanotechnol.* **20**, 6768-6775 (2020).

48. Kurian, A., Prasad, S. & Dhinojwala, A. Unusual surface aging of poly(dimethylsiloxane) elastomers. *Macromolecules.* **43**, 2438-2443 (2010).

49. Dohler, D. *et al.* Tuning the Self-Healing Response of Poly (dimethylsiloxane)- Based Elastomers. *ACS Appl. Polym. Mater.* **2**, 4127-4139 (2020).

50. Liu, L. *et al.* Fabrico de compósitos de elastómero dielétrico PDA@SiO2@rGO/PDMS com boas propriedades electromecânicas. *React. Funct. Polym.* **154**, 1-7 (2020).

51. Barr, S., Hill, E. W. & Bayat, A. Teste de biocompatibilidade funcional de implantes mamários de silicone e um novo sistema de classificação baseado na rugosidade da superfície. *J. Mech. Behav. Biomed. Mater.* **75**, 75-81 (2017).

52. Yeh, S. B., Chen, C. S., Chen, W. Y. & Huang, C. J. Modificação do elastómero de silicone com silano zwitteriónico para propriedades anti-incrustantes duradouras. *Langmuir.*

**30**, 11386-11393 (2014).

53. Zheng, C., Qu, L., Wang, Y., Xu, T. & Zhang, C. Isolamento térmico e estabilidade de espumas de polissiloxano contendo polidimetilsiloxanos terminados em hidroxila. *RSC Adv.* **8**, 9901-9909 (2018).

54. Liu, M., Luo, Y. & Jia, D. Membranas super-hidrofóbicas à base de polidimetilsiloxano: Fabrico, durabilidade, possibilidade de reparação e aplicações. *Polym. Chem.* **11**, 2370-2380 (2020).

55. Verma, C. *et al.* Resinas epoxídicas como materiais poliméricos anticorrosivos: Uma revisão. *React. Funct. Polym.* **156**, 1-47 (2020).

56. Kisiel, M. & Mossety-Leszczak, B. Desenvolvimento de resinas epóxi líquido-cristalinas e compósitos - Uma revisão. *Eur. Polym. J.* **124**, 1-12 (2020).

57. Liu, W., Zhou, R., Goh, H. L. S., Huang, S. & Lu, X. De resíduo a aditivo funcional: Endurecimento de resina epóxi com lignina. *ACS Appl. Mater. Interfaces.* **6**, 5810-5817 (2014).

58. Peerzada, M., Abbasi, S., Lau, K. T. & Hameed, N. Additive Manufacturing of Epoxy Resins: Materials, Methods, and Latest Trends (Materiais, métodos e últimas tendências). *Ind. Eng. Chem. Res.* **59**, 6375-6390 (2020).

59. Xie, Y. *et al.* Uma nova abordagem para fabricar óxido de grafeno modificado com poliacrilato para melhorar a resistência à corrosão de revestimentos epoxídicos. *Colloids Surfaces A Physicochem. Eng. Asp.* **593**, 1-10 (2020).

60. Jojibabu, P., Zhang, Y. X. & Prusty, B. G. A review of research advances in epoxy-based nanocomposites as adhesive materials. *Int. J. Adhes. Adhes.* **96**, 1-61 (2020).

61. Esmaeili, A. *et al.* Synergistic effects of double-walled carbon nanotubes and nanoclays on mechanical, electrical and piezoresistive properties of epoxy based nanocomposites. *Compos. Sci. Technol.* **200**, 1-11 (2020).

62. Li, W. *et al.* Melhoria do desempenho anticorrosivo do revestimento epoxídico rico em zinco na superfície de aço oxidado com trifosfato de alumínio como conversor de ferrugem. *Prog. Org. Coatings.* **135**, 483-489 (2019).

63. Hu, J. *et al.* Retardador de chama, propriedades mecânicas e cinética de cura de resinas epoxídicas à base de DOPO. *Polym. Degrad. Stab.* **109**, 218-225 (2014).

64. Eselev, A. D. & Bobylev, V. A. Estado atual dos projectos no domínio das resinas epoxídicas e agentes de cura para adesivos: Produção e qualidade. *Polym. Sci. - Ser. D.* **4**, 61-64 (2011).

65. Baroncini, A.E. *et al.* Recent advances in bio-based epoxy resins and bio-based epoxy curing agents. *J. Appl. Polym. Sci.* **133**, 1-19 (2016).

66. Liu, L. *et al.* Líquidos Iónicos Funcionalizados com Amida Como Agentes de Cura para Resina Epoxi: Preparação, Caracterização e Comportamentos de Cura com TDE-85. *Ind. Eng. Chem. Res.* **58**, 14088-14097 (2019).

67. Li, Q. *et al.* Melhoria das propriedades da borracha de silicone vulcanizada à temperatura ambiente através do aminopropiltrietoxisilano modificado com resina como agente de reticulação. *ACS Sustain. Chem. Eng.* **5**, 10002-10010 (2017).

68. Juraskova, A., Dam-Johansen, K., Olsen, S. M. & Skov, A. L. Factores que influenciam a estabilidade mecânica a longo prazo dos elastómeros de silicone de cura por condensação. *J. Polym. Res.* **27**, 1-14 (2020).

69. Anoop, V. & Mary, N. L. Desenvolvimento de um adesivo nanocompósito curado por

adição de polissilsesquioxano / PDMS opticamente transparente para eletrônicos. *Novo J. Chem.* **43**, 16322-16330 (2019)

70. Su, C. H., Chiu, Y. P., Teng, C. C. & Chiang, C. L. Preparação, caraterização e propriedades térmicas de compósitos orgânicos-inorgânicos envolvendo epóxi e silsesquioxano oligomérico poliédrico (POSS). *J. Polym. Res.* **17**, 673-681 (2010).

71. Gao, J., Kong, D., Zhao, H. & Li, S. Cinética de cura, propriedades térmicas, mecânicas e dieléctricas baseadas em resina epoxídica de o-cresol formaldeído com oligomérico poliédrico (N-aminoetil-y-ammo propil)silsesquioxano. *Polym. Adv. Technol.* **22**, 1395-1402 (2011).

72. Cheng, L. *et al.* Melhoria das propriedades mecânicas e térmicas de compósitos de poliuretano à base de água com microesferas de resina epóxi termoendurecida. *Novo J. Chem.* **44**, 9896-9902 (2020).

73. Yu, S. *et al.* Efeito da estrutura do agente de cura de amina aromática nas propriedades das espumas sintácticas à base de resina epóxi. *ACS Omega.* **5**, 23268-23275 (2020).

74. Qin, J., Zhang, G., Sun, R. & Wong, C. Síntese de um agente de cura de amina aromática contendo porções rígidas não coplanares e sua cinética de cura com resina epóxi. *J. Therm. Anal. Calorim.* **117**, 831-843 (2014).

75. Fu, K. *et al.* Simulação de dinâmica molecular e estudos experimentais sobre as propriedades termomecânicas da resina epóxi com diferentes agentes de cura de anidrido. *Polymers (Basel).* **11**, 1-15 (2019).

76. Chi, B., Wei, M. & He, Y. O Efeito do Oxetano como Diluente Ativo no Sistema de Cura UV Catiónico do Pré-polímero Epóxi contendo Flúor. *Adv. Polym. Technol.* **20**, 1-8 (2020).

77. Zhu, P., Gu, Z., Hong, S. & Lian, H. Preparação e caraterização de LDHs microencapsulados com resina de melamina-formaldeído e sua aplicação retardadora de chama em resina epóxi. *Polym. Adv. Technol.* **29**, 2147-2160 (2018).

78. Chowdhury, R. A. *et al.* Compósitos epoxídicos auto-regeneráveis: Preparação, caraterização e desempenho de cicatrização. *J. Mater. Res. Technol.* **4**, 33-43 (2015).

79. Hao, L. *et al.* Preparação de nanocompósito de polissiloxano/SiO 2 reticulado através de condensação insitu e sua modificação de superfície em tecidos de algodão. *Appl. Surf. Sci.* **371**, 281-288 (2016).

80. Perju, E., Shova, S. & Opris, D. M. Músculos Artificiais Acionados Eletricamente Utilizando Novos Elastómeros de Polissiloxano Modificados com Moléculas de Nitroanilina Push-Pull. *ACS Appl. Mater. Interfaces.* **12**, 23432-23442 (2020).

81. Juraskova, A., Dam-Johansen, K., Olsen, S. M. & Skov, A. L. Factores que influenciam a estabilidade mecânica a longo prazo dos elastómeros de silicone de cura por condensação. *J. Polym. Res.* **27**, 1-14 (2020).

82. Ou, Z., Gao, F., Zhao, H., Dang, S. & Zhu, L. Pesquisa sobre a condutividade térmica e as propriedades dielétricas de compósitos de borracha de silicone líquido de cura por adição preenchidos com AlN e BN. *RSC Adv.* **9**, 28851-28856 (2019).

83. Kochanke, A., Nagel, J., Uffing, C. & Hartwig, A. Influência da formulação de silicone de cura adicional e do envelhecimento da superfície de aderentes de alumínio na resistência da ligação. *Int. J. Adhes. Adhes.* **95**, 1-7 (2019).

84. Baig, Z. *et al.* Influência de aditivos com terminação de amina nas propriedades térmicas e mecânicas do éter diglicidílico do bisfenol A (DGEBA) curado com epóxi. *J. Appl. Polym. Sci.* **137**, 1-9 (2020).

85. Ignatenko, V. Y., Ilyin, S. O., Kostyuk, A. V., Bondarenko, G. N. & Antonov, S. V. Aceleração da cura da resina epóxi utilizando uma combinação de aminas alifáticas e

aromáticas. *Polym. Bull.* **77**, 1519-1540 (2020).

86. Bratasyuk, N. A. & Zuev, V. V. O estudo do mecanismo de cura, cinética e desempenho mecânico de compósitos de poliuretano/epóxi utilizando aminas alifáticas e aromáticas como agentes de cura. *Thermochim. Ata.* **687**, 1-11 (2020).

87. Pokropivny, V. V. & Skorokhod, V. V. Classificação das nanoestruturas por dimensionalidade e conceito de engenharia de formas de superfície na ciência dos nanomateriais. *Mater. Sci. Eng. C.* **27**, 990-993 (2007).

88. Wang, Z., Hu, T., Liang, R. & Wei, M. Application of Zero-Dimensional Nanomaterials in Biosensing. *Front. Chem.* **8**, 1-19 (2020).

89. Hu, B., He, M. & Chen, B. Materiais de dimensão nanométrica para extração em fase sólida de elementos vestigiais. *Anal. Bioanal. Chem.* **407**, 2685-2710 (2015).

90. Njuguna, J., Pielichowski, K. & Desai, S. Nanocompósitos de polímeros reforçados com nanocargas. *Polym. Adv. Technol.* **19**, 947-959 (2008).

91. Rane, A. V., Kanny, K., Abitha, V. K. & Thomas, S. Methods for Synthesis of Nanoparticles and Fabrication of Nanocomposites. Synthesis of Inorganic Nanomaterials. *Elsevier Ltd.*, 121-139, (2018).

92. Setua, D. K., Mordina, B., Srivastava, A. K., Roy, D. & Prasad, N. E. Carbon nanofibers-reinforced polymer nanocomposites as efficient microwave absorber. *Fiber-Reinforced Nanocomposites: Fundamentals and Applications.* 395-430 (2020).

93. Pokropivny, V. V. & Skorokhod, V. V. Classificação das nanoestruturas por dimensionalidade e conceito de engenharia de formas de superfície na ciência dos nanomateriais. *Mater. Sci. Eng. C.* **27**, 990-993 (2007).

94. Castillo, L. A. & Barbosa, S. E. Análise comparativa do comportamento de cristalização induzido por diferentes cargas minerais em nanocompósitos de polipropileno. *10*, 1-12 (2020).

95. Ogbonna, V. E., Popoola, A. P. I., Popoola, O. M. & Adeosun, A review on polyimide reinforced nanocomposites for mechanical, thermal, and electrical insulation Application: challenges and recommendations for future improvement.*Polymer Bulletin.21*, 1-33 (2020).

96. Ruszala, M. J. A., Va, M., Rowson, N. A., Grover, L. M. & Greenwood, R. W. Hollow spheres as nanocomposite fillers for aerospace and automotive composite materials applications. *106*, 74-80 (2016).

97. Liu, Y., Zhang, D., Cui, G., Luo, R. & Zhao, D. Propriedades mecânicas aprimoradas de compósitos unidirecionais de fibra de carbono / epóxi em várias escalas com diferentes nanocargas de carbono dimensionais. *Nanomaterials.10*, 1-12 (2020).

98. Yagyu, H. Simulações dos efeitos da agregação de enchimento e da ligação enchimento-borracha no comportamento de alongamento da borracha reticulada preenchida por dinâmica molecular de granulação grossa. *Soft Mater.15*, 263-271 (2017).

99. Coetzee, D., Venkataraman, M., Militky, J. & Petru, M. Influence of Nanoparticles on Thermal and Electrical Conductivity of Composites (Influência das Nanopartículas na Condutividade Térmica e Eléctrica dos Compósitos). *Polymers (Basel).12,* 1-25 (2020).

100.Nurul, S., Kudori, I. & Ismail, H. Os efeitos do conteúdo de enchimento e tamanhos de partículas nas propriedades da espuma de látex de borracha natural preenchida com kenaf verde. **11**, 1-12 (2019).

101.Mijatovic, D., Eijkel, J. C. T. & Van Den Berg, A. Tecnologias para sistemas nanofluídicos: Top-down vs. bottom-up - Uma revisão. *Lab Chip.* **5**, 492-500 (2005).

102.Boonsomwong, K. *et al.* Rejuvenescimento da estrutura e das propriedades reológicas dos nanocompósitos de sílica à base de borracha natural. *Polymer.***189**, 1-9 (2020).

103.Abenojar, J., Tutor, J., Ballesteros, Y., Real, J. C. & Martmez, M. A. Erosionwear , mechanical and thermal properties of silica fi lled epoxy nanocomposites. *Compos. Part B.* **120**, 42-53 (2017).

104.Kaya, G. G. & Deveci, H. Journal of Industrial and Engineering Chemistry Synergistic effects of silica aerogels / xerogels on properties of polymer composites : Uma revisão. *J. Ind. Eng. Chem.* **89**, 13-27 (2020).

105.Li, P., Wang, S. & Zhou, S. Progress in Organic Coatings Comportamento de formação de película e propriedades mecânicas de revestimentos de nanocompósitos de polissiloxano / sílica pirogénica reticuláveis à base de água de um componente. *Prog. Org. Coatings.* **147**, 112 (2020).

106.Oguz, O. *et al.* Efeito da Modificação da Superfície de Nanopartículas de Sílica Coloidal na Fração Amorfa Rígida e nas Propriedades Mecânicas de Nanocompósitos de Poliuretano-Ureia-Sílica Amorfa.*J. Polym. Sci. A Polym. Chem.* **20**, 114 (2019).

107.Patel, R. H. & Kapatel, P. M. Estudos sobre o efeito do tamanho das nanopartículas de poliuretano à base de água nas propriedades e no desempenho dos revestimentos. *Int. J. Polym. Anal. Charact. 24,* 1-9 (2019).

108.Wang, L. *et al.* Estudo de compósitos condutores térmicos de PA6 com híbridos de nitreto de boro estruturados em 3 dimensões. *J. Appl. Polym. Sci.1 36*, 1-9 (2019).

109.Prapruddivongs, C., Rukrabiab, J., Kulwongwit, N. & Wongpreedee, T. Effect of surface-modified silica on the thermal and mechanical behaviors of poly ( lactic acid ) and chemically crosslinked poly ( lactic acid ) composites. *J. Thermoplast. Compos. Mater.* **24**, 1-15(2019).

110.Alam, M. Revestimentos de nanocompósitos de poli(uretano-éter-amida)/sílica fumada à base de óleo de milho para aplicação anticorrosiva. *Int. J. Polym. Anal. Charact.* **24**, 533-547 (2019).

111.Chiacchiarelli, L. M., Puri, I., Puglia, D., Kenny, J. M. & Torre, L. A relação entre o grau de dispersão da nanosílica e as propriedades de tração dos nanocompósitos de poliuretano. *Colloid Polym Sci.* **291**, 2745-2753 (2013).

112.Xiao, Y., Zou, H., Zhang, L., Ye, X. & Han, D. Modificação da superfície de nanopartículas de sílica por um agente de acoplamento polioxietileno sorbitano e silano para preparar compósitos de borracha de elevado desempenho. *Polym. Test.* **81**, 1-10 (2020).

113.Ahangaran, F. & Navarchian, A. H. Avanços recentes na modificação química da superfície de nanopartículas de óxido metálico com agentes de acoplamento de silano: Uma revisão. *Adv. Colloid Interface Sci.* **286**, 1-11 (2020).

114.Xie, Y., Hill, C. A. S., Xiao, Z., Militz, H. & Mai, C. Agentes de acoplamento de silano utilizados para compósitos de fibras naturais / polímeros: Uma revisão. *Compos. Part A.* **41**, 806-819 (2010).

115.Carli, L. N., Daitx, T. S., Soares, G. V., Crespo, J. S. & Mauler, R. S. Os efeitos dos agentes de acoplamento de silano nas propriedades dos nanocompósitos PHBV/haloisita. *Appl. Clay Sci.* **87**, 311-319 (2014).

116.Engineering, P. & Box, T. P. O. Silane Coupling Agents in Polymer-based Reinforced Composites : Uma revisão. *J. Reinf. Plast. Compos.* **27**, 1-41 (2008).

117.Razi, P. S., Portier, R. & Raman, A. Estudos sobre a ligação da interface polímero-madeira: efeito dos agentes de acoplamento e da modificação da superfície. *J. Compos. Mater.* **33**, 10641079 (1999).

118.Bjo, S. *et al.* Inversões de fase observadas em emulsões Pickering termoresponsivas estabilizadas por sílica coloidal funcionalizada de superfície.*Langmuir.* **36**,2357-2367 (2020).

119.Sun, C. *et al.* Improvement of Silica Dispersion in Solution Polymerized Styrene - Butadiene Rubber via Introducing Amino Functional Groups. *Ind. Eng. Chem. Res.* **58**, 1454-1461 (2018).

120.Mortensen, K., Barsberg, S. & Ramesh, A. Influência da nano-sílica modificada na superfície do aglutinante alquídico antes e depois do envelhecimento acelerado. **126**, 134-143 (2016).

121.Zhao, S. *et al.* Facile One-Pot Synthesis of Mechanically Robust BiopolymerSilica Nanocomposite Aerogel by Cogelation of Silicic Acid with Chitosan in Aqueous Media [Síntese fácil de um único recipiente de aerogel de nanocompósito de sílica e biopolímero mecanicamente robusto por cogelação de ácido silícico com quitosana em meio aquoso]. *ACS Sustain. Chem. Eng.* **4**, 5674-5683 (2016).

122.Gong, X. & He, S. Superfícies de nanocompósitos de polidimetilsiloxano/sílica super-hidrofóbicos altamente duráveis com boa capacidade de auto-limpeza. *ACS Omega.* **5**, 41004108 (2020).

123.Chen, M., Qi, M., Yao, L., Su, B. & Yin, J. Efeito das nanopartículas de SiO2 carregadas à superfície na microestrutura e nas propriedades das películas de nanocompósitos de poliimida/SiO2. *Surf. Coatings Technol.* **320**, 59-64 (2017)

124.Parvinzadeh, M., Moradian, S., Rashidi, A. & Yazdanshenas, M. E. Surface characterisation of polyethylene terephthalate/silica nanocomposites. *Appl. Surf. Sci.* **256**, 2792-2802 (2010).

125.Watt, M. R. & Gerhardt, R. A. Factores que afectam a formação de redes em compósitos de nanotubos de carbono e as suas propriedades eléctricas resultantes. *J. Compos. Sci.* **4**, 126 (2020).

126.Tan, C. *et al.* Propriedades mecânicas, dieléctricas e térmicas de compósitos de borracha de fluorosilicone preenchidos com cargas híbridas de sílica/nanotubos de carbono de paredes múltiplas. *J. Appl. Polym. Sci.* **137**, 1-11 (2020).

127.Ates, M., Eker, A. A. & Eker, B. Nanocompósitos à base de nanotubos de carbono e suas aplicações. *J. Adhes. Sci. Technol.* **31**, 1977-1997 (2017).

128.Jargalsaikhan, B., Bor, A., Lee, J. & Choi, H. Fabrico de nanocompósitos Al/CNT com base nas diferentes propriedades da matéria-prima utilizando um moinho de bolas planetário. *Adv. Powder Technol.* **31**, 1957-1962 (2020).

129.Lee, J., Kim, J., Shin, Y. & Jung, I. Sensor de pressão ultra-robusto de grande alcance com resposta rápida baseado em espuma de poliuretano duplamente revestida com borracha de silicone conformada e ilhas de nanocompósitos CNT/TPU. *Compos. Part B Eng.* **177**, 1-10 (2019).

130.Baomin Wang & Bo Pang. The Influence of N,N-Dimethylformamide on Dispersion of Multi-Walled Carbon Nanotubes (A Influência da N,N-Dimetilformamida na Dispersão de Nanotubos de Carbono de Múltiplas Paredes). *Russ. J. Phys. Chem. A.* **94**, 810817 (2020).

131.Kim, S., Lee, W. I. & Park, C. H. Assessment of carbon nanotube dispersion and mechanical property of epoxy nanocomposites by curing reaction heat measurement. *J. Reinf. Plast. Compos.* **35**, 71-80 (2016).

132.Shi, H., Yang, J., You, M., Li, Z. & He, C. Géis Moles Híbridos à Base de Silsesquioxanos Oligoméricos Poliedrais (POSS): Molecular Design, Material Advantages, and Emerging Applications. *ACS Mater. Lett.* **2**, 296-316 (2020).

133.Shi, H., Yang, J., Li, Z. & He, C. Silsesquioxanos oligoméricos poliédricos funcionalizados (POSS) e copolímeros: Métodos e avanços. *Silicon Contain. Hybrid Copolym.* **12**. 63-96 (2020).

134.Teng, S., Jiang, Z. & Qiu, Z. Effect of different POSS structures on the crystallization behavior and dynamic mechanical properties of biodegradable Poly(ethylene succinate). *Polymer.* **163**, 68-73 (2019).

135.Sun, J., Kong, J. & He, C. Liquid polyoctahedral silsesquioxanes as an effective and facile reinforcement for liquid silicone rubber. *J. Appl. Polym. Sci.* **136**, 2-9 (2019).

136.Dong, F., Lu, L. & Ha, C. S. Silsesquioxane-Containing Hybrid Nanomaterials: Fascinating Platforms for Advanced Applications (Plataformas fascinantes para aplicações avançadas). *Macromol. Chem. Phys.* **220**, 1-21 (2019).

137.Reza-E-Rabby, M., Jeelani, S. & Rangari, V. K. Análise estrutural de nanopartículas de sic oligoméricas poliédricas revestidas com silsesquioxano e suas aplicações em polímeros termoenduecíveis. *J. Nanomater.* **15**, 1-13(2015).

138.Liu, W., Zhu, X., Gao, H., Su, X. & Wu, X. Preparação e caraterização da cadeia de espuma de PLA alargada através do enxerto de octa(epoxiciclohexil) POSS em nanotubos de carbono. *Cell. Polym.* **39**, 117-138 (2020).

139.Xu, S. *et al.* Nanocompósitos com memória de forma e auto-regeneração com interações POSS-POSS e ligações quádruplas de hidrogénio. *ACS Appl. Polym. Mater.* **2**, 33273338 (2020).

140.Wanke, C. H. *et al.* Efeitos do grupo de vértices POSS na estrutura, propriedades térmicas e mecânicas de materiais híbridos PMMA/POSS. *Polym. Test.* **54**, 214222 (2016).

141.Kalifa, M. *et al.* O efeito de oligosilsesquioxanos poliédricos (POSS) na resistência à cavitação de películas de acrilato híbrido. *Polym. Compos.* **41**, 3403-3410 (2020).

142.Morici, E., Di Bartolo, A., Arrigo, R. & Dintcheva, N. T. POSS funcionalizado com ligações duplas: dispersão e reticulação em híbridos à base de polietileno obtidos por processamento reativo. *Polym. Bull.* **73**, 3385-3400 (2016).

143.Liu, D., Yuan, L., Xu, H., Tian, H. & Xiang, A. PVA grafted POSS hybrid for high performance polyvinyl alcohol films with enhanced thermal, hydrophobic and mechanical properties. *Polym. Compos.* **40**, 2768-2776 (2019).

144.Wang, J., Liu, Y., Yu, J., Sun, Y. & Xie, W. Estudo do POSS sobre as propriedades de uma nova resina composta dentária inorgânica. *Polymers (Basel).***12**, 1-10 (2020).

145.Legnani, L. *et al.* Compósitos funcionalizados à base de oligosilsesquioxano poliédrico (POSS) para a engenharia de tecidos ósseos: Síntese, estudos computacionais e biológicos. *RSC Adv.* **10**, 11325-11334 (2020).

146.Zhao, H. *et al.* Nanocompósitos de poliuretano/POSS para uma hidrofobicidade superior e elevada ductilidade. *Compos. Part B Eng.* **177**, 1-8 (2019).

147.Lei, X. X. *et al.* Improving the thermal and mechanical properties of poly(L- lactide) by forming nanocomposites with an in situ ring-opening intermediate of poly(l-lactide) and polyhedral oligomeric silsesquioxane. *Nanomaterials.* **9**, 1-12 (2019).

148.Romo-Uribe, A., Lichtenhan, J., Reyes-Mayer, A., Paredes-Perez, M. & Yanez-Lino, M. Desemaranhamento de cadeias e redução da transmissão de oxigénio em nanocompósitos LDPE/POSS. Influência do tamanho do POSS. *Ind. Eng. Chem. Res.* **58**, 13145-13153 (2019).

149.Kausar, A. State-of-the-Art Overview on Polymer/POSS Nanocomposite (Visão geral do estado da arte do nanocompósito polímero/POSS). *Polym. - Plast. Technol. Eng.* **56**, 1401-1420 (2017).

150.Khodaie, M. *et al.* Melhorar a dispersão de nanopartículas e a cristalinidade do polímero em revestimentos de fluoreto de polivinilideno/POSS utilizando tetra-hidrofurano como co-solvente. *Prog. Org. Coatings.* **140**, 1-10 (2020).

151.Qu, L. *et al.* Híbridos de óxido de grafeno funcionalizados com POSS com propriedades dispersivas e de supressão de fumo melhoradas para aplicação retardadora de chama epoxídica. *Eur. Polym. J.* **122**, 109383 (2020).

152.Boccaleri, E. & Carniato, F. *Synthesis Routes of POSS.* (Springer International Publishing, 2018.

153.Penso, I. *et al.* Preparação e caraterização de silsesquioxano oligomérico poliédrico (POSS) utilizando um forno de micro-ondas doméstico. *J. Non. Cryst. Solids.* **428**, 82-89 (2015).

154.C Yazlcl, N. *et al.* Effect of Octavinyl-Polyhedral Oligomeric Silsesquioxane on the Cross-linking, Cure Kinetics, and Adhesion Properties of Natural Rubber/Textile Cord Composites. *Ind. Eng. Chem. Res.* **59**, 1888-1901 (2020).

155.Liu, F., Zeng, X., Lai, X. & Li, H. A preparação de vidro de baixo ponto de fusão de polissiloxano contendo flúor e seu efeito na resistência de rastreamento e termoestabilidade da borracha de silicone líquido de cura por adição. *RSC Adv. 7,* 33020-33028 (2017).

156.Othman, N. H. *et al.* Nanocompósitos de polímeros à base de grafeno como revestimentos de barreira para proteção contra a corrosão. *Prog. Org. Coatings.* **135**, 82-99 (2019).

157.Sushmita, K., Madras, G. & Bose, S. Polymer nanocomposites containing semiconductors as advanced materials for EMI shielding. *ACS Appl. Mater. Interfaces.* **5**, 4705-4718 (2020).

158.Qu, F. *et al.* Efeito sinérgico na melhoria da condutividade eléctrica em nanocompósitos de polímeros através da mistura de cargas esféricas e em forma de bastão. *Soft Matter.***16**, 10454-10462 (2020).

159.Fermeglia, M. *et al.* Modelação molecular multiescala para a conceção de sistemas poliméricos nanoestruturados: Aplicações industriais. *Mol. Syst. Des. Eng.* **5**, 1447-1476 (2020)

160.Jyoti, J. *et al.* Propriedades mecânicas, eléctricas e térmicas de nanocompósitos de polímeros híbridos de óxido de grafeno/nanotubos de carbono/ABS. *J. Polym. Res.***27**, 1-6 (2020).

161.Li, H. *et al.* Nanocompósitos de polímeros estruturados em bicamada com elevada resistência à rutura e densidade energética através da conceção de barreiras interfaciais. *ACS Appl. Energy Mater.* **3**, 8055-8063 (2020).

162.Chen, Y. *et al.* Fabrico fácil de nanocompósitos de polímeros com memória de forma com resposta rápida à luz e desempenho de auto-regeneração. *Compos. Part A Appl. Sci. Manuf.* **135**, 1-9 (2020).

163.Sliozberg, Y. *et al.* Ligação de interface e propriedades mecânicas de nanocompósitos MXene-epoxy. *Compos. Sci. Technol.* **192**, 1-8 (2020).

164.Zhang, Y., Wang, Q., Chen, G. & Ramachandran, C. S. Fisionomias mecânicas, tribológicas e de corrosão de revestimentos de compósitos de matriz metálica (MMC) CNT-Al depositados pelo processo de pulverização dinâmica de gás frio (CGDS). *Surf. Coatings Technol.* **403**, 1-9 (2020).

165.Tracy, J. & Daly, S. Análise estatística da influência da microestrutura no dano em compósitos de matriz cerâmica fibrosa. *Int. J. Appl. Ceram. Technol.* **14**, 354-366 (2017).

166.Chung, D. D. L. Uma revisão dos compósitos estruturais multifuncionais de matriz polimérica. *Compos. Parte B Eng.***160**, 644-660 (2019).

167.Wan, M., Li, S. E., Yuan, H. & Zhang, W. H. Modelação da força de corte na maquinagem de compósitos de matriz polimérica reforçados com fibras (PMCs): Uma revisão. *Compos. Part A Appl. Sci. Manuf.***117**, 34-55 (2019).

168.Hawker, Craig J.; Guino, Rosette G.; Seki, Kelichi; Takizawa, Kenichi; Moti, Yutaka US 20090218592A1, Universidade da Califórnia, EUA.

169.Yang, Szu-Nan. US 20190357362A1, ProLogium Technology Co., Ltd., Taiwan.

170.Kimmel, Michael W. US 20130211346A1, Medtronic, Inc., EUA.

171.Aerts, Vincent J. J. G.; Bonneau, Mark; Elder, Judith; Frulloni, Emiliano; Griffin, James Martin. US 20140135443A1, Cytec Industries Inc., EUA.

172.Karl, Ulrich; Charrak, Monika; Thomas, Hans-Josef. US 20140128503A1, BASF SE, Alemanha.

173.Baron, Kathlyn Lizette; Emmerson, Gordon; Wang, Yen-Seine. US 20180100044A1, Hexcel Corporation, EUA.

174.Liu, Jianye; Chu, Liqiu; Lyu, Yun; Zhang, Shijun; Zhang, Liying; Zou, Hao; Dong, Mu; Gao, Dali; Chou, Baige; Bai, Yiqing; Shao, Jingbo; Xu, Meng; Xu, Yihui; Chen, Ruoshi. US 20180230274A1, China Petroleum & Chemical Corporation.

175.Takigaura, Yusuke; Kawamura, Takaki; Hirano, Shiro. US 20180217515A1, Konica Minolta, Inc., Japão.

176.Moffat, Karen A.; Lawton, David J. W.; Davis, Melanie L.; Morales-Tirado, Juan A.; Sambhy, Varun; Veregin, Richard P. N. US 20180173127A1, Xerox Corporation, EUA.

177.Wu, Hsin-Chung; Leu, Chyi-Ming; Shen, Sheng-Yen; Lin, Jiang-Jen. US 20190202981A1, Instituto de Investigação em Tecnologia Industrial, Taiwan.

178.Park, Young Ho; Shin, So Hyang; Jeong, Hyuk Jin. US 20190203041A1, LOTTE Advanced Materials Co., Ltd., Coreia do Sul.

179.Kurihara, Daisuke. US 20190194446A1, Canon Kabushiki Kaisha, Japão.

180.1Yilbas, Bekir S.; Al-Aqeeli, Naser M.; Karatas, Cihan. US 20100285236A1, King Fahd Univ. of Petroleum & Minerals, Arábia Saudita.

181.Fung, Dein-Run; Liao, Te-Chao; Chao, Chia-Cheng; Chen, Hao-Sheng. US 20140296452A1, Nan Ya Plastics Corporation, Taiwan.

182.Schweitzer, Claude; Welter, Carolin Anna; Thomas, Jean-Louis Marie Felicien; Muthigi, Phaniraj; Depouhon, Francois Philippe. US 20140069560A1, The Goodyear Tire & Rubber Company, EUA.

183.Clarizia, G., Tasselli, F., Simari, C., Nicotera, I. & Bernardo, P. Solution Casting Blending: An Effective Way for Tailoring Gas Transport and Mechanical Properties of Poly(vinyl butyral) and Pebax2533. *J. Phys. Chem. C.* **123**, 1126411272 (2019).

184.Règibeau, N., Tilkin, R. G., Grandfils, C. & Heinrichs, B. Preparação de nanocompósitos à base de poli-d,l-lactídeo com sílica enxertada com polímero por mistura fundida: Estudo das propriedades moleculares, morfológicas e mecânicas. *Polym. Compos.* **42**, 955-972 (2021).

185.Li, G., Zheng, S., Wang, L. & Zhang, X. Hidrogenação quimiosselectiva sem metal de nitroarenos por nanotubos de carbono dopados com N via polimerização in situ de pirrol. *ACS Omega.* **5**, 7519-7528 (2020).

186.Lu, Z., Xu, L., He, Y. & Zhou, J. Rota fácil de um passo para fabricar nano-sílica funcionalizada e selante de silicone com base em revestimento super-hidrofóbico transparente. *Thin Solid Films.* **692**, 1-9 (2019).

187.Tran, N. T. *et al.* Tratamentos de Superfície Híbridos de Polidopamina e Polidopamina-Silano em Aplicações de Adesivos Estruturais. *Langmuir.* **34**, 1274-1286 (2018).

188.Goldberg, G., Dodiuk, H., Kenig, S., Cohen, R. & Tenne, R. The effect of tungsten disulfide nanotubes on the properties of silicone adhesives. *Int. J. Adhes. Adhes.* **55**, 77-81 (2014).

189.Grard, A., Belec, L. & Perrin, F. X. Efeito da morfologia da superfície na adesão de elastómeros de silicone à liga de alumínio AA6061. *Int. J. Adhes. Adhes.* **102**, 102656 (2020).

190.Ko, Y. *et al.* Stretchable Conductive Adhesives with Superior Electrical Stability as Printable Interconnects in Washable Textile Electronics. *ACS Appl. Mater. Interfaces.* **11**, 37043-37050 (2019).

191.Pantaleo, A., Roma, D. & Pellerano, A. Influência do substrato de madeira na colagem de juntas com selantes de silicone estruturais para aplicações em caixilhos de madeira. *Int. J. Adhes. Adhes.* **37**, 121-128 (2012).

192.Goldberg, G., Dodiuk, H., Kenig, S. & Cohen, R. The effect of multiwall carbon nanotubes on the properties of room temperature-vulcanized silicone adhesives. *J. Adhes. Sci. Technol.* **28**, 1661-1676 (2014).

# Capítulo II

# Materiais e caraterização Técnicas

## 2.1 MATERIAIS

Polidimetilsiloxano com terminação hidroxilo (OH-PDMS, ^= 700-800 cP), metiltrimetoxissilano (MTMS), viniltrimetoxissilano (VTMS), 1,2- bis(trietoxissilil)etano (agente reticulante), Aerosil R 972 hidrofóbico (sílica pirogénica tratada com dimetildiclorossilano, tamanho médio de partícula = 17 nm), Aerosil COK 84 (mistura de sílica e alumina) foram obtidos da Scientific Polymer Products, Inc. (Ontário, EUA). (Ontário, EUA). Lapox B11 (resina epóxi à base de bisfenol A, q = 8-12 Pa.s a 25°C), trietilenotetramina de baixa viscosidade (TETA, agente de cura) foram adquiridos à Huntsman IntPvt. Ltd (Mumbai, Índia). O laurilsulfato de sódio (tensioativo), a polivinilpirrolidona (estabilizador), o dibutiltindilaurato (catalisador), o hidróxido de amónio (28% NH4OH), o N-(2-aminoetil)-3-aminopropiltrimetoxissilano (promotor de adesão) e os nanotubos de carbono de paredes múltiplas (MWCNTs, 110-170 nm de diâmetro e 5-9 um comprimento) foram adquiridos à Sigma Aldrich chemicals (Mumbai, Índia). Polidimetilsiloxano com terminação vinílica (V-PDMS, viscosidade, 700 cP), polimetil-hidrosiloxano (agente de cura, BRB-959, viscosidade 50 cP), (3-glicidoxipropil)trimetoxisilano (promotor de adesão) eplatina (0)1,3-divinil-1,1,3,3-tetrametildisiloxano
(catalisador de Karstedt) foram obtidos em Zhejiang Xin'an Chemicals Co. Ltd China. Para a preparação dos polissilsesquioxanos, foi utilizada água duplamente desionizada.

### 2.1.1 Estrutura química dos materiais

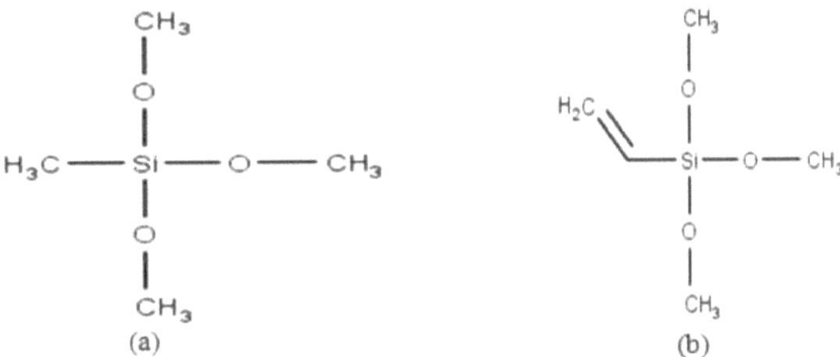

**Figura 2.1:** Estrutura do (a) metiltrimetoxissilano (MTMS) e do (b) viniltrimetoxissilano (VTMS)

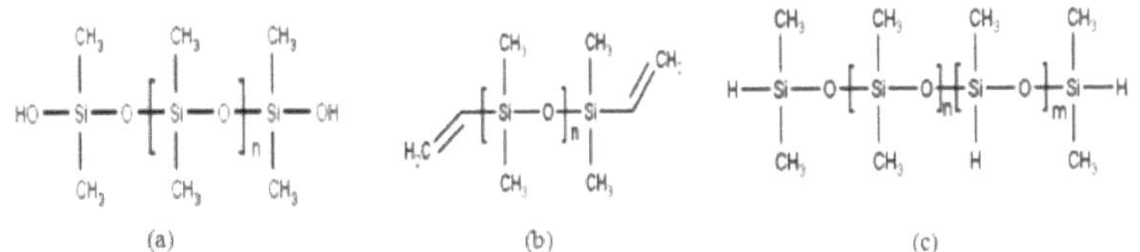

**Figura 2.2:** Estrutura de (a) PDMS com terminação hidroxilo (OH-PDMS), (b) polidimetilsiloxano com terminação vinilo (V-PDMS) e (c) polimetil-hidrosiloxano (BRB-959)

## 2.2 TÉCNICAS DE CARACTERIZAÇÃO

As nanoesferas de PSQ sintetizadas e os nancocompósitos poliméricos foram caracterizados para analisar os seus grupos funcionais, morfologia, reologia, propriedades mecânicas, dieléctricas, condutividade térmica, transparência ótica e propriedades de corte. Foram utilizadas diferentes técnicas para caraterizar estes materiais.

### 2.2.1 Espectroscopia ATR-FTIR

A espetroscopia ATR-FTIR investiga os grupos funcionais presentes na matriz e a sua interação com as cargas. É uma técnica muito útil para analisar amostras sólidas. Funciona com base num princípio de reflexão interna total e requer que a amostra esteja em contacto direto com o cristal.[1] Esta análise foi realizada nas nanoesferas e no filme compósito utilizando o espetrofotómetro Bruker ATR-FTIR modelo Alpha-T.

### 2.2.2 Dispersão dinâmica da luz

Os tamanhos hidrodinâmicos e a polidispersão do pó de PSQ sintetizado foram medidos pela técnica de dispersão dinâmica da luz utilizando um analisador de tamanho de partículas (Malvern, MAL 106272 com Zetasizer Versão 7.11). O pó de PSQ foi disperso em água e a sonda foi sonicada até o pó ficar uniformemente disperso.[2] As medições foram efectuadas imediatamente para evitar a formação de agregados.

### 2.2.3 Viscosímetro de Brookfield

As viscosidades dos compósitos foram medidas pelo viscosímetro Brookfield (viscosímetro modelo DV-E). A câmara de amostras amovível, equipada com uma sonda de controlo da temperatura, foi enchida com 100 ml de cada amostra e as medições foram efectuadas à temperatura ambiente. Foram selecionados para a medição diferentes fusos com rpm especificadas. A norma ASTM D 1296-15 foi utilizada para estudar a viscosidade do nanocompósito.[3]

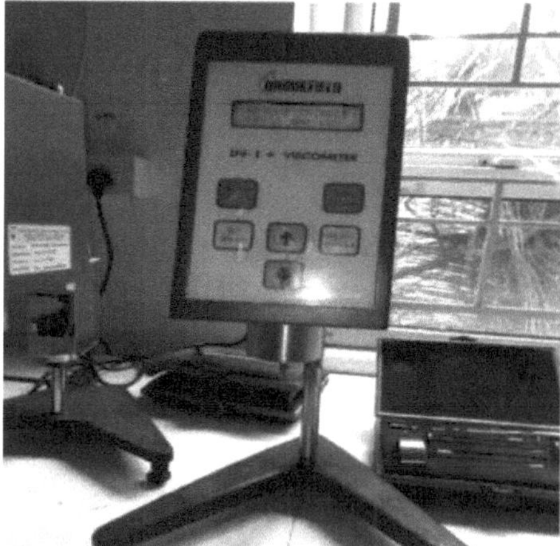

**Figura 2.6:** Imagem do viscosímetro de Brookfield

### 2.2.4 Microscópio eletrónico de varrimento com emissão de campo (FE-SEM)

As imagens SEM dos compósitos poliméricos ajudam a estudar em pormenor a dispersão das cargas na matriz polimérica. A elucidação exacta da morfologia, da correlação estrutura-propriedade e da interação entre as cargas e a matriz polimérica pode ser obtida a partir destas imagens.[4] O seu princípio baseia-se na interação do feixe de electrões incidente com as amostras sólidas. A morfologia da superfície e o tamanho do nanocompósito foram observados utilizando o HR-SEM, FEI Quanta FEG 200. Os nanocompósitos foram

30

revestidos com uma fina camada de ouro para evitar a carga eletrostática após a montagem numa fita de carbono de dupla face.

## 2.2.5 Propriedades mecânicas

As propriedades mecânicas dos nanocompósitos de silicone e epóxi foram avaliadas pela máquina de ensaio universal. As propriedades mecânicas de uma amostra polimérica decidem a sua utilidade na área comercial. No caso dos nanocompósitos poliméricos, estas propriedades dependem dos agentes de reforço e da dispersão uniforme do material de enchimento. A resistência à tração, o módulo de Young, a resistência à compressão, a resistência à flexão e a percentagem de alongamento na rutura foram medidos utilizando uma máquina eletrónica multifuncional de ensaios de tração (série SHIMADZU AGS_X) à velocidade de 1 mm/min à temperatura ambiente. A dureza Shore A das amostras compósitas foi medida pelo durómetro Shore A (LX-A) e a dureza Shore D da amostra foi medida pelo durómetro Elcometer 3120 Shore D, de acordo com as normas ASTM D 2240. [6,7]Foi utilizado um conjunto de 3 amostras de ensaio para cada material e o valor médio foi registado.

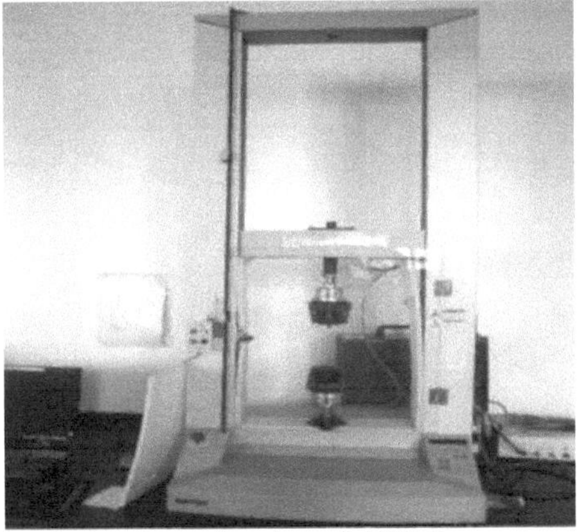

**Figura 2.7:** Imagem da máquina de ensaio universal AGS-X

## 2.2.6 Análise térmica

### Análise termogravimétrica (TGA)

A análise termogravimétrica (TGA) é uma técnica analítica que é utilizada para determinar a estabilidade térmica de um material. Mede a fração de componentes voláteis num composto, observando a alteração de peso à medida que a amostra é aquecida. A medição foi efectuada numa atmosfera inerte de azoto e o peso é representado num gráfico em função do aumento da temperatura. A temperatura de decomposição inicial é um fator decisivo no que diz respeito à estabilidade térmica do material e é obtida a partir do termograma.[8] A carga de reforço presente na matriz polimérica produz um forte efeito de barreira que impede a fácil degradação das amostras de polímero, levando a um aumento da sua estabilidade térmica. A análise TGA da amostra de polímero foi efectuada utilizando o instrumento TA (Modelo SDT Q600; Canadá). As amostras foram aquecidas num cadinho de alumina a uma taxa de 10 °C/min numa gama de temperaturas de 30 °C a 800 °C. Antes de cada medição, a linha de base foi registada com a mesma taxa de aquecimento e depois subtraída da varredura experimental. Os dados foram analisados pelo software universal TA ligado à máquina de ensaio.

**Calorimetria Exploratória Diferencial (DSC)**

A análise DSC foi utilizada para determinar a temperatura de transição vítrea do material compósito. Esta análise foi efectuada nas amostras de polímero utilizando o modelo NETZSCH DSC 204. Para os nanocompósitos à base de PDMS, foi utilizada uma taxa de aquecimento de 10 °C/min. Foi utilizada uma panela de alumínio como célula padrão na gama de temperaturas de 140 °C a 100 °C.[9] No caso dos nanocompósitos à base de epóxi, a taxa de aquecimento muda para 30 °C a 500 °C. A incorporação do nanocarregador na matriz polimérica altera a estrutura cristalina e os valores de Tg do compósito e fornece informações sobre a ligação cruzada das cadeias poliméricas.

**2.2.7 Resistência dieléctrica**

A resistência à rutura dieléctrica das amostras de teste foi medida utilizando o testador de alta tensão RE. As medições foram efectuadas à temperatura ambiente. A espessura das amostras foi medida com um calibrador digital LCD Vernier Gauge Tiny Deal CB30241150 mm. O sistema de eléctrodos foi imerso em óleo de silicone a 303K. A tensão de rutura foi medida sob uma tensão de rampa DC positiva com uma taxa de aumento de 1kV/s. Os ensaios de resistência dieléctrica dos nanocompósitos à base de PDMS foram realizados de acordo com as normas ASTM D149, utilizando o aparelho apresentado na figura 2.8.[10]

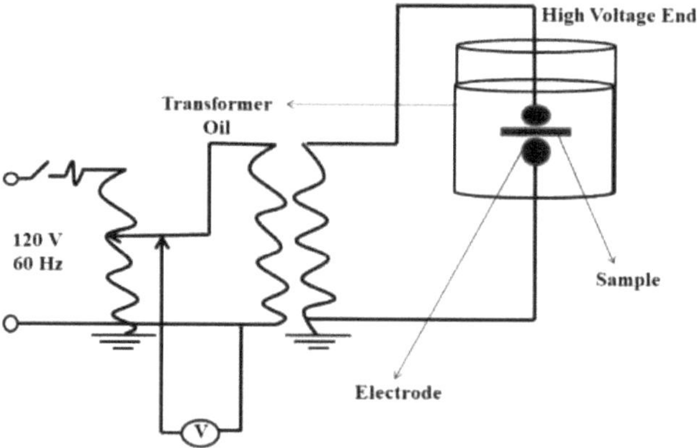


**Figura 2.8:** Representação esquemática de um aparelho de ensaio de resistência dieléctrica

**2.2.8 Condutividade térmica**

A condutividade térmica (Tc) das formulações de nanocompósitos foi determinada pela técnica da fonte plana transiente modificada (MTPS) utilizando um analisador de condutividade térmica C-Therm-Tci, de acordo com a norma ASTM D7984.[11] As amostras de compósito de polímero foram moldadas de modo a manter um diâmetro de 35 mm e uma espessura de 6,5 mm. Foram testadas à temperatura ambiente. Na técnica MTPS, existe um refletor de calor interfacial unilateral que aplica uma fonte de calor constante e momentânea à amostra. As amostras compósitas foram colocadas no sensor utilizando uma pasta de silicone. Esta pasta assegura um melhor contacto entre o sensor e a amostra.

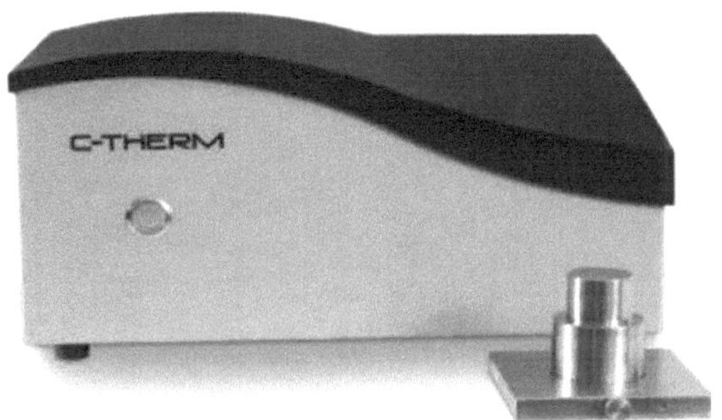

**Figura 2.9:** Imagem do analisador de condutividade térmica C-Therm-Tci

## 2.2.9 Espectroscopia UV-vis

A transmitância ótica das amostras de nanocompósitos de polímero foi registada utilizando um espetrómetro de absorção UV-Visível sólido no comprimento de onda de 380-780 nm.[12] As amostras de películas finas transparentes de polímero foram testadas utilizando o espetrofotómetro de feixe duplo Jasco V-750 UV-Visível.

## 2.2.10 Ensaio de corte longitudinal

O teste de cisalhamento é um procedimento experimental para caraterizar o comportamento adesivo dos nanocompósitos poliméricos. [13]Um mecanismo de falha também pode ser detectado através de testes de cisalhamento de uma única volta, o que permite determinar o tipo de falha: falha do adesivo ou do substrato. O ensaio de cisalhamento dos nanocompósitos poliméricos foi efectuado utilizando uma máquina de tração universal (série SHIMADZU AGS_X) com uma velocidade de 1,3 mm/min. O substrato (aderente) utilizado para o ensaio é aço macio e alumínio com dimensões de 101 mm x 25 mm x 1,7 mm. A superfície do aderente foi cuidadosamente limpa por abrasão mecânica utilizando folhas de esmeril para remover a sujidade e outros contaminantes da parte aderente da superfície e, em seguida, foi lavada com acetona. O tratamento mecânico dos substratos proporciona uma elevada energia de superfície para a ligação entre o metal e o adesivo. O adesivo foi aplicado na área especificada de 12,7 mm do substrato e pressionado de forma consistente. Foi utilizado um conjunto de 3 amostras de teste para cada material e o valor médio foi registado. O ensaio de cisalhamento foi efectuado de acordo com as normas ASTM D 1002.[14]

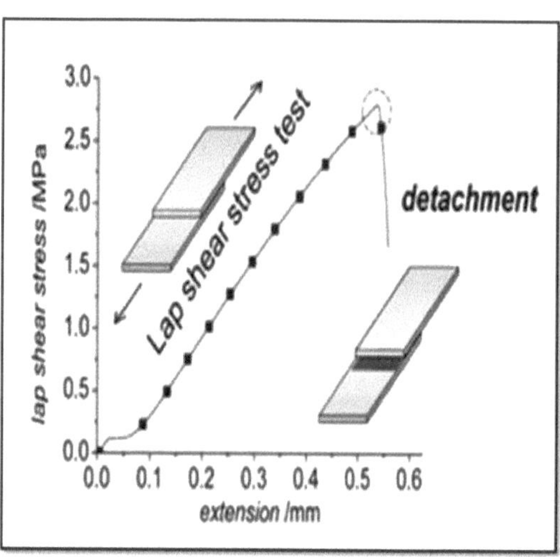



**Figura 2.10:** Representação gráfica do ensaio de cisalhamento por lapela

**REFERÊNCIAS**

1. Sengwa, R. J., Dhatarwal, P. & Choudhary, S. Um estudo comparativo de diferentes nanopartículas de óxido metálico dispersas em matriz de mistura PVDF/PEO com base em nanodielectrodos multifuncionais avançados para dispositivos electrónicos flexíveis. *Mater. Today Commun.* **25**, 1-13 (2020).

2. Ramos, A. P. Dynamic Light Hamburan Terapan untuk Nano Partikel Karakterisasi. Nanocharacterisation Techniques (Elsevier Inc., 2017).

3. Patel, R. H. & Kapatel, P. M. Estudos sobre o efeito do tamanho das nanopartículas de poliuretano à base de água nas propriedades e no desempenho dos revestimentos. *Int. J. Polym. Anal. Charact.* **24**, 1-9 (2019).

4. Ghanta, T. S., Aparna, S., Verma, N. & Purnima, D. Revisão sobre o compósito híbrido de poliamida 6 à base de nano e micro cargas: Efeito nas propriedades mecânicas e na morfologia. *Polym. Eng. Sci.* **60**, 1717-1759 (2020).

5. Eleni, P. N., Krokida, M. K. & Polyzois, G. L. O efeito do envelhecimento acelerado artificial nas propriedades mecânicas dos polímeros maxilofaciais PDMS e CPE. *Biomed. Mater.* **4**, 1-7 (2009).

6. Azura, A. R. & Leow, S. L. Efeito da carga de negro de fumo nas propriedades mecânicas, de condutividade e de envelhecimento de compósitos de borracha natural. *Mater. Today Proc.* **17**, 1056-1063 (2019).

7. Srinivasababu, N. Fabrico de compósitos reforçados com fibras da bainha da folha de coco puro tratado quimicamente e determinação das propriedades mecânicas. *Macromol. Symp.* **382**, 1-7 (2018).

8. Corcione, C. E. & Frigione, M. Caracterização de nanocompósitos por análise térmica. *Materials (Basel).* **5**, 2960-2980 (2012).

9. Vyazovkin, S. Cristalização não isotérmica de polímeros: Obtendo mais da análise cinética dos dados de calorimetria diferencial de varrimento. *Polym. Cryst.* **1**, 2-7 (2018).

10. Tan, D. Q. A procura de uma maior rigidez dieléctrica dos dieléctricos à base de polímeros: Uma análise centrada nos nanocompósitos de polímeros. *J. Appl. Polym. Sci.* **137**, 1-32 (2020).

11. Wang, L. *et al.* Estudo de compósitos condutores térmicos de PA6 com híbridos de nitreto de boro estruturados em 3 dimensões. *J. Appl. Polym. Sci.* **136**, 1-9 (2019).

12. Chen, D. *et al.* Estabilidade térmica, propriedades mecânicas e ópticas de novos compósitos de PDMS curados por adição com sol de nano-sílica e resina de silicone MQ. *Compos. Sci. Technol.* **117**, 307-314 (2015).

13. Aradhana, R., Mohanty, S. & Nayak, S. K. Novas colas epóxi/óxido de grafite reduzido/microesferas ocas de sílica condutoras de eletricidade com maior resistência ao cisalhamento e condutividade térmica. *Compos. Sci. Technol.* **169**, 86-94 (2019).

14. Hunter-Alarcon, R. A. *et al.* Efeito do processo de envelhecimento natural na resistência ao cisalhamento de juntas de colo simples compostas de FRP. *Int. J. Adhes. Adhes.* **86**, 4-12 (2018).

# *nanocompósito de polidimetilsiloxano para aplicações em selantes*

# INTRODUÇÃO

O polidimetilsiloxano (PDMS) é o polímero inorgânico de silicone mais utilizado e é particularmente conhecido pelas suas propriedades viscoelásticas.[1,2] Tem uma vasta gama de aplicações no sector industrial e no domínio médico devido às suas propriedades únicas, como a estabilidade térmica, a transparência ótica, a condutividade térmica, as propriedades dieléctricas, a baixa tensão superficial, etc.[3-6] O PDMS funcionalizado, como o alquilo, o acetoxi, o epóxi, o hidroxilo e o vinilo, tem sido extensivamente investigado pelas suas propriedades variadas, que resultam da alteração da estrutura devido às diferentes funcionalidades associadas.[8,9] O PDMS com terminação hidroxilo (OH-PDMS) e os seus nanocompósitos têm sido amplamente utilizados como revestimentos, agentes de acabamento de tecidos, vedantes e adesivos.[10-12] Este facto pode ser atribuído à sua natureza viscoelástica e à sua baixa tensão superficial. O PDMS tem boa estabilidade térmica e propriedades ópticas, mas tem fracas propriedades mecânicas. Para melhorar as propriedades mecânicas dos compósitos de silicone, pode ser introduzida na sua matriz uma variedade de agentes de reforço, tais como montmorilonite, sílica pirogénica, negro de carbono, carbonato de cálcio, fibra de carbono, nanotubos de carbono, silsesquioxanos oligoméricos poliédricos, etc.[13-16] Geralmente, os materiais de enchimento de reforço são incorporados na matriz polimérica por mistura física, reticulação química, mistura de soluções e polimerização in situ.[17,18] Para facilitar este processo, são utilizados vários agentes externos, tais como agentes dispersantes e molhantes, plastificantes e lubrificantes.[19,20] Normalmente, as nanopartículas de sílica são amplamente utilizadas neste contexto para melhorar o desempenho mecânico do nanocompósito OH-PDMS.[21,22] O desempenho do compósito reforçado com cargas pode ser determinado pela fração volumétrica e pelo tamanho das cargas. As partículas em nanoescala aumentam a área interfacial, o que melhora as propriedades do sistema compósito em grande medida quando comparado com o polímero puro.[23-25] As nanopartículas de sílica estão disponíveis comercialmente em todos os tamanhos, desde nanómetros a micrómetros. A dispersão efectiva da sílica e a sua compatibilidade com a matriz polimérica têm um impacto vital nas propriedades mecânicas do compósito sílica/polímero.[26,27] Uma dispersão homogénea de nanosílica na matriz polimérica melhora as propriedades mecânicas e térmicas do produto final de forma abrangente, dissipando a tensão mecânica uniformemente dentro do compósito. Niemczyk et al. relataram um estudo pormenorizado da dispersão uniforme do material de enchimento na matriz de polipropileno.[28] Num compósito, a interação interfacial entre a matriz de polímero e a carga desempenha um papel crucial no endurecimento do compósito. [29]

Considera-se que a família dos silsesquioxanos tem um enorme potencial como bloco de construção para vários materiais avançados, e as suas aplicações podem ser encontradas nas áreas dos adesivos, vedantes e revestimentos.[30-32] Tem havido um interesse considerável na preparação de partículas de nano e micro polissilsesquioxanos (PSQ) com diferentes funcionalidades, tais como amina, vinil, metoxi, mercapto, etc., para desenvolver e conceber novos materiais. A vantagem do PSQ em relação a outras cargas de reforço é o facto de ter constituintes orgânicos na sua superfície externa, o que pode torná-los compatíveis com muitos polímeros, conferindo uma boa estabilidade de dispersão à matriz polimérica.[33-35] A PSQ que contém vinil, mercapto e aminas é estável em condições normais e pode reagir facilmente com polímeros com grupos funcionais reactivos.[36,37]

Os vedantes podem ser definidos como materiais que têm a capacidade de aderir a diferentes substratos, resistindo ao movimento relativo dos mesmos.[38,39] Os vedantes de silicone são componentes muito úteis e comuns em vários produtos industriais devido às suas propriedades únicas, tais como excelente aderência, isolamento elétrico, natureza hidrofóbica, boa resistência a altas temperaturas, produtos químicos e irradiações.[40-43] Os vedantes são normalmente utilizados para manter unidos diferentes materiais, como a madeira, o metal, o vidro e a cerâmica, através da adesão da superfície. No entanto, os materiais utilizados como vedantes têm uma resistência inferior à dos materiais utilizados como adesivos. A resistência do vedante é reforçada pela incorporação de cargas e outros aditivos compatíveis, tal como referido por Xu et al.[44] A maioria dos vedantes contém materiais elastoméricos para proporcionar flexibilidade e alongamento em vez de elevada resistência. Geralmente, os selantes de silicone são materiais macios e suaves antes da cura. Tornam-se duros devido à ligação química cruzada entre o agente de cura e o polímero após a conclusão do processo de cura.[45] Existem principalmente dois tipos de processos de cura que têm sido utilizados para as resinas de silicone, nomeadamente, a cura por adição e a cura por condensação. Na cura por policondensação, os grupos hidroxilo da resina de silicone e os grupos alcoxi ou silanol do agente reticulante formam uma rede interligada. Como resultado, são libertados pequenos compostos como o ácido acético ou o álcool.[46,47] A cura por adição é geralmente efectuada com a ajuda de platina como catalisador. Sob a influência do catalisador de platina, os grupos Si-H dos polímeros de silicone reagem com as resinas de silicone contendo vinil e, após uma sequência de reacções de adição, forma-se uma rede tridimensional.[48,49] Dependendo das caraterísticas de vulcanização, as resinas de silicone podem ser classificadas como selantes de temperatura ambiente e de alta temperatura. Os vedantes vulcanizados à temperatura ambiente (RTV) têm tido maior aplicabilidade do que os sistemas de vedantes de alta temperatura (HTV), uma vez que são estáveis em condições secas e podem formar uma rede tridimensional quando expostos à humidade.[50,51]

Este capítulo trata da síntese e caraterização de nanocompósitos poliméricos à base de polissiloxano (PNCs) com diferentes cargas. As nanoesferas de PSQ funcionalizadas com metilo e vinil são sintetizadas através da condensação hidrolítica dos organosilanos correspondentes num meio aquoso, utilizando amoníaco como catalisador. Como matriz polimérica para a preparação do nanocompósito, utiliza-se PDMS de baixa viscosidade com terminação hidroxilo. Os nanocompósitos poliméricos foram preparados através da incorporação de nanoesferas de polissesquioxano e de sílica tratada à superfície (Aerosil R 972) na matriz de OH-PDMS em concentrações variáveis, juntamente com o agente de cura e outros aditivos. O efeito do reforço nas propriedades mecânicas, térmicas, ópticas e dieléctricas dos nanocompósitos poliméricos foi investigado em pormenor. A força adesiva do nanocompósito OH-PDMS preparado em aço macio e substrato de alumínio foi também estudada através da realização do teste de cisalhamento.

**EXPERIMENTAL**

**Síntese de nanoesferas de polimetilsilsesquioxano (PMSQ) pelo método de condensação hidrolítica**

A nanoesfera de polimetilsilsesquioxano (PMSQ) foi preparada pelo método de condensação hidrolítica utilizando um precursor de organometoxisilano num meio aquoso na presença de um catalisador de base.[53,54] 0,2 g de tensioativo (lauril sulfato de sódio) e 0,02 g de estabilizador (PVP) foram adicionados a 50 mL de água desionizada (DI) bem arrefecida e agitados durante 10 minutos utilizando um agitador magnético a 200-300 rotações por minuto (rpm). Foram adicionadas 2-3 gotas de hidróxido de amónio a 28% à mistura de reação com agitação vigorosa a 15-20 °C durante 5 minutos. Em seguida, adicionaram-se gradualmente

18,6 g de MTMS, gota a gota, à mistura reacional durante um período de 2 horas e a reação foi mantida durante a noite à temperatura ambiente sob agitação constante. Após a conclusão da reação, as nanoesferas de PMSQ foram separadas da mistura aquosa pelo método de centrifugação. O resíduo viscoso branco leitoso obtido foi novamente disperso em água para remover as impurezas e o excesso de tensioativo. Foi filtrado e seco numa estufa de vácuo a 60 °C durante 3 horas para obter PMSQ em pó fino.

**Síntese de nanoesferas de poli(metil/vinil)silsesquioxano (PVSQ)**

O poli(metil/vinil)silsesquioxano (PVSQ) foi também preparado pelo método acima referido. Juntamente com o tensioativo, o estabilizador e o catalisador, 19 g de MTMS e 1 g de VTMS foram tomados e agitados vigorosamente durante um período de tempo de 2 horas. A mistura reacional foi então mantida durante a noite à temperatura ambiente sob agitação constante. Após a conclusão da reação, a PSQ foi separada por centrifugação e redispersa em água para remover as impurezas. As estruturas químicas do pó de PSQ são apresentadas na figura 3.1

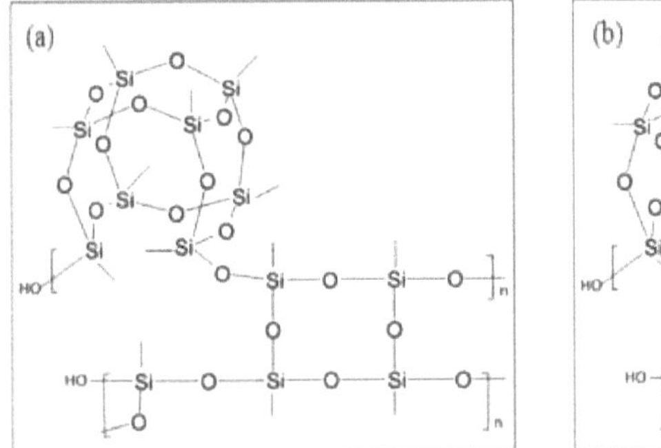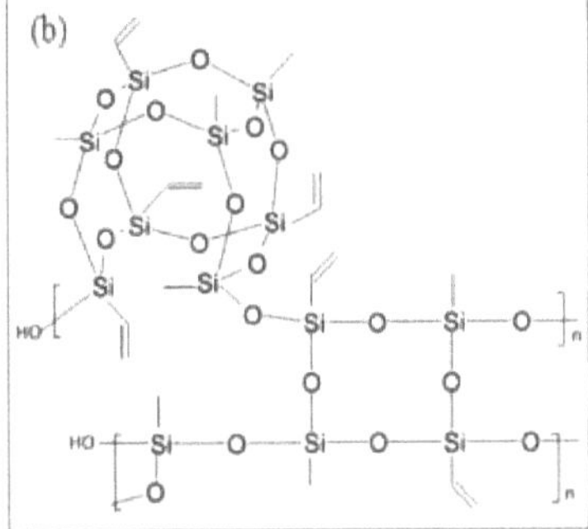

**Figura 3.1:** Estruturas químicas de (a) PMSQ e (b) PVSQ

**Preparação de nanocompósitos OH-PDMS**

Diferentes concentrações de sílica pirogénica e das nanoesferas de PSQ sintetizadas (PMSQ e PVSQ), variando de 0-4% em peso, foram incorporadas na matriz polimérica de PDMS para preparar os nanocompósitos. Foi utilizado um procedimento de mistura em duas partes (Parte A e Parte B) para a preparação dos nanocompósitos de PDMS.

Na Parte A, foram adicionadas diferentes proporções de peso da carga à matriz OH-PDMS por agitação mecânica utilizando um motor REMI a 1500 rpm para obter uma dispersão uniforme da carga na matriz polimérica. O peso total da Parte A foi mantido a 100g.[54] A mistura foi sonicada durante 40 minutos para assegurar a dispersão uniforme das partículas. Em seguida, foi mantida de lado durante 2-3 dias para molhar. Espera-se que a humidificação do compósito melhore a ligação física entre o material de enchimento e a matriz polimérica. A Parte B é composta por uma quantidade calculada de agente reticulante e um catalisador, o peso total da Parte B foi mantido em 10g. Subsequentemente, a Parte A e a Parte B foram misturadas na proporção de 10:1. A mistura foi agitada durante 5 minutos e depois desgaseificada durante 15 minutos utilizando um forno de vácuo para remover as bolhas de ar. O nanocompósito OH-PDMS foi então vertido num molde de Teflon com a espessura desejada e mantido à temperatura ambiente durante 2 horas. O OH-PDMS e os grupos etoxi tetra funcionais do agente reticulante sofrem uma reação de policondensação para obter a película transparente reticulada. O grupo hidroxilo da carga PSQ também reage com o agente reticulante para obter uma melhor ligação com a matriz polimérica. O compósito de PDMS puro foi também preparado sem adição de carga, de modo a comparar os resultados obtidos em ambos os casos. O mecanismo de reação do nanocompósito é apresentado na figura 3.2 e a representação esquemática da preparação do nanocompósito é apresentada na figura 3.3. A formulação e o código da amostra dos sistemas nanocompósitos estão tabelados na tabela 3.1. As imagens das películas de nanocompósitos de PDMS são apresentadas na figura 3.4.

**Tabela 3.1:** Formulações para a preparação de nanocompósitos com os respectivos códigos de amostra (Si = Aerosil R 972, M = PMSQ e V= PVSQ).

| Materiais | Peso (g) das amostras | | | | | | | | | | | | |
|---|---|---|---|---|---|---|---|---|---|---|---|---|---|
| | P-0 | PSi-1 | PSi-2 | PSi-3 | PSi-4 | PM-1 | PM-2 | PM-3 | PM-4 | PV-1 | PV-2 | PV-3 | PV-4 |
| OH-PDMS | 100 | 99 | 98 | 97 | 96 | 99 | 98 | 97 | 96 | 99 | 98 | 97 | 96 |
| Aerosil R 972 | 0 | 1 | 2 | 3 | 4 | 0 | 0 | 0 | 0 | 0 | 0 | 0 | 0 |
| PMSQ | 0 | 0 | 0 | 0 | 0 | 1 | 2 | 3 | 4 | 0 | 0 | 0 | 0 |
| PVSQ | 0 | 0 | 0 | 0 | 0 | 0 | 0 | 0 | 0 | 1 | 2 | 3 | 4 |
| Agente reticulante | 9.6 | 9.6 | 9.6 | 9.6 | 9.6 | 9.6 | 9.6 | 9.6 | 9.6 | 9.6 | 9.6 | 9.6 | 9.6 |
| Catalisador | 0.4 | 0.4 | 0.4 | 0.4 | 0.4 | 0.4 | 0.4 | 0.4 | 0.4 | 0.4 | 0.4 | 0.4 | 0.4 |

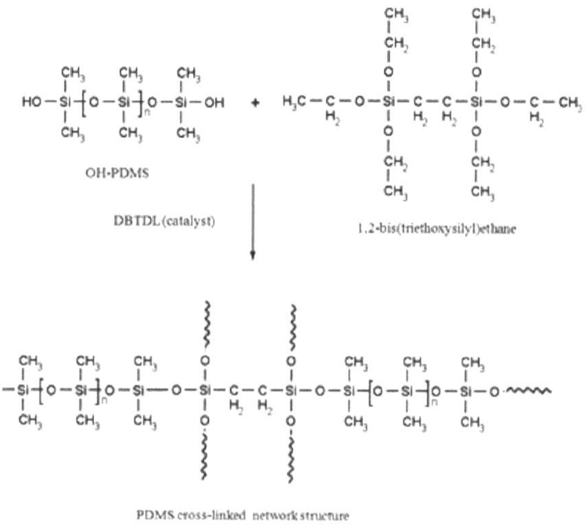

**Figura 3.2:** Esquema de reação do nanocompósito OH-PDMS

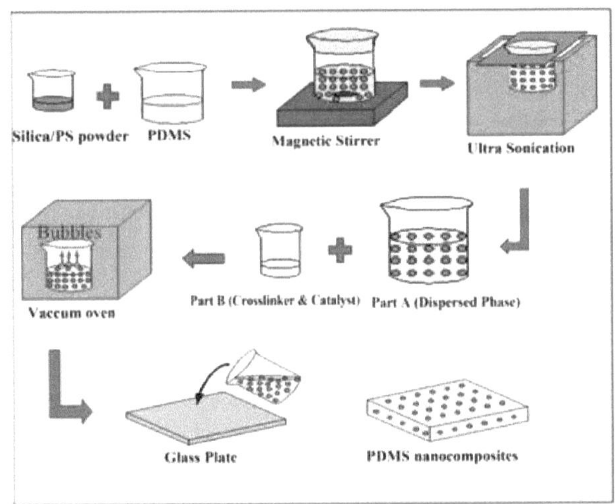


**Figura 3.3:** Representação esquemática da preparação de nanocompósitos OH- PDMS

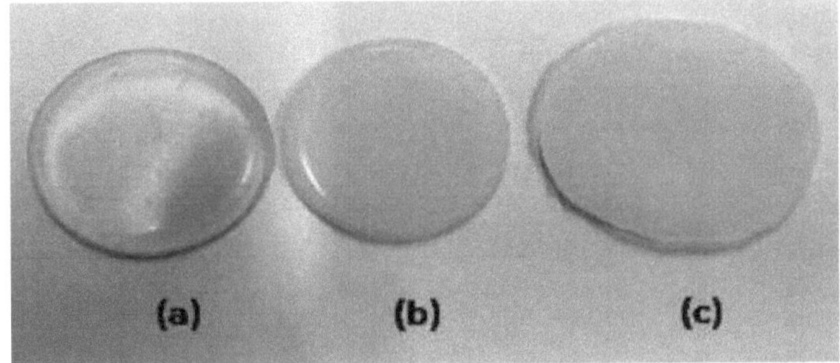


**Figura 3.4:** Filmes de (a) P-0 (b) PM-4 e (c) PV-4

**Preparação do selante de silicone**

Os vedantes de silicone foram preparados através da introdução de um promotor de adesão na formulação do nanocompósito. O promotor de adesão ajuda a aumentar a força de adesão entre o substrato e o selante. Os nanocompósitos que apresentam as propriedades mais elevadas (PSi-4, PM-4 e PV-4) foram selecionados e utilizados para a preparação do vedante de silicone. Para efeitos de comparação, foi também preparada uma formulação de vedante sem carga. A formulação para a preparação do vedante é apresentada na Tabela 3.2. O procedimento para a preparação do vedante é semelhante ao utilizado para a preparação dos nanocompósitos. O N-(2-aminoetil)-3-aminopropiltrimetoxisilano (AAPS) foi utilizado como agente promotor de adesão e adicionado à Parte B juntamente com o reticulante e o catalisador.

**Tabela 3.2:** Formulações de vedantes de silicone

| Materiais | | Peso (g) |
|---|---|---|
| Parte A | OH-PDMS | 96 |
| | Aerosil R 972/PMSQ/PVSQ | 4 |
| Parte B | Agente de reticulação | 9.6 |

|  | Catalisador | 0.2 |
|---|---|---|
|  | Promotor de adesão | 0.2 |

## RESULTADOS E DISCUSSÃO

### Análise espetral FTIR de nanoesferas de polissilsesquioxano e nanocompósitos de PDMS

A análise espectroscópica ATR-FTIR foi efectuada tanto no pó de PSQ sintetizado como nos compósitos. O polímero puro e os seus compósitos foram transformados em películas finas transparentes e os espectros FTIR foram registados no Bruker ATR-FTIR Modelo Alpha-T para determinar a presença de grupos funcionais na gama de 500-4000 cm$^{-1}$ a uma velocidade de varrimento de 24 por segundo. Os espectros ATR-FTIR de PMSQ, PVSQ, OH-PDMS, PSi-4, PM-4 e PV-4 são apresentados nas figuras 3.5-3.10, respetivamente.

A formação da ligação Si-O-Si e da ligação Si-C a partir da reação de condensação hidrolítica pode ser confirmada a partir dos espectros de IV do PMSQ e do PVSQ. O espetro da esfera PSQ mostra a deformação simétrica caraterística dos grupos Si-CH3 observada a 1400-1415 cm .[153,54] O pico largo a 3220-3450 cm$^{-1}$ pode ser atribuído ao silanol (Si-OH) presente no PSQ. As vibrações de estiramento C-H e Si-C foram encontradas a 2900-3010 cm$^{-1}$ e 750-785 cm$^{-1}$ respetivamente. Foi observada uma absorção C-H bem definida de Si-CH3 a 1260-1265 cm$^{-1}$ . A presença de ligações Si-O-Si foi observada a 1100-1120 cm$^{-1}$ (estiramento) e 1030-1035 cm$^{-1}$ (flexão). O PVSQ mantém os espectros do PMSQ juntamente com uma ligação adicional -C=C (vinil) que foi obtida no intervalo de 1620-1670 cm .[155] As Figuras 3.7 a 3.10 mostram os espectros de IV do polímero puro e do seu nanocompósito. Os espectros de IV das quatro amostras são de natureza idêntica, indicando que a incorporação de carga não altera a estrutura química do polímero.

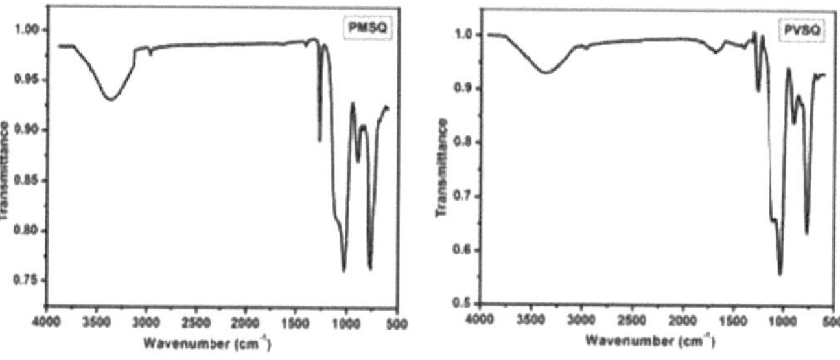

**Figura 3.5:** Espectros FTIR de PMSQ **Figura 3.6:** Espectros de FTIR do PVSQ

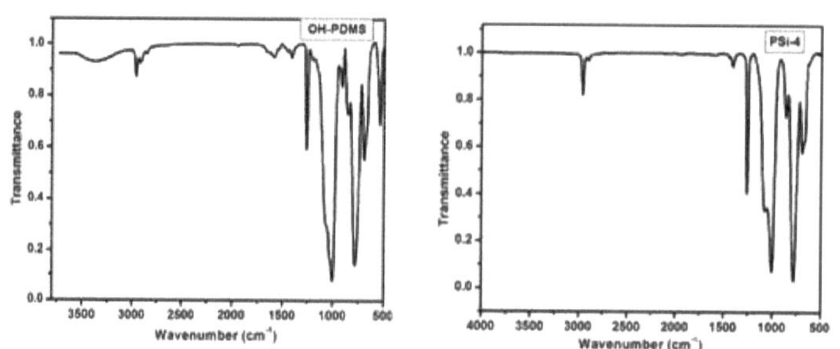

**Figura 3.7**: Espectros de FTIR do OH-PDMS **Figura 3.8:** Espectros de FTIR do PSi-4

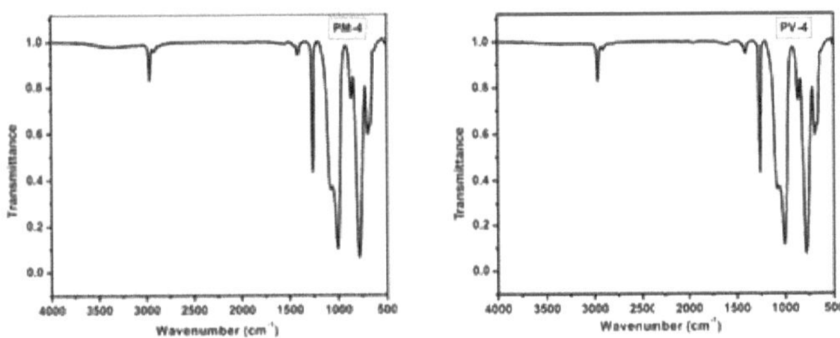

Figura 3.9: Espectros FTIR de PM-4 **Figura 3.10:** Espectros FTIR de PV-4

## Análise dinâmica de dispersão de luz

A DLS é a técnica mais utilizada para analisar o tamanho das partículas, que varia entre os microns e os nanómetros. O tamanho hidrodinâmico e a polidispersão das nanoesferas de PSQ sintetizadas foram medidos por DLS. A água é utilizada como meio de dispersão, uma vez que o pó de PSQ é anfifílico. Uma pequena quantidade de esferas de PSQ foi dispersa em água desionizada e a sonda foi sonicada durante 10-15 minutos até se dispersar uniformemente.[56] A medição foi efectuada imediatamente para evitar a formação de agregados das partículas de PSQ e os resultados obtidos a partir das medições DLS são apresentados na figura.3.11

A partir da figura, pode observar-se que as esferas PMSQ apresentam uma ampla distribuição do tamanho das partículas num arranjo heterogéneo. O PVSQ mostra uma distribuição uniforme das partículas e apresenta uma curva de distribuição mais estreita quando comparado com o PMSQ. O tamanho médio das partículas das nanoesferas de PMSQ e PVSQ é de 497 ± 21 nm e 294 ± 16 nm, respetivamente. No caso da PMSQ, 70% das partículas têm um tamanho que varia entre 250-600 nm e o resto das partículas apresentam tamanhos na gama de 600-800 nm. No caso do PVSQ, a maioria das partículas apresentou tamanhos na gama de 200400 nm. O índice de polidispersão, que é a medida da amplitude da distribuição do peso molecular do polímero, foi de 1,47 e 1,35 para o PMSQ e o PVSQ, respetivamente, o que foi registado a partir das medições.

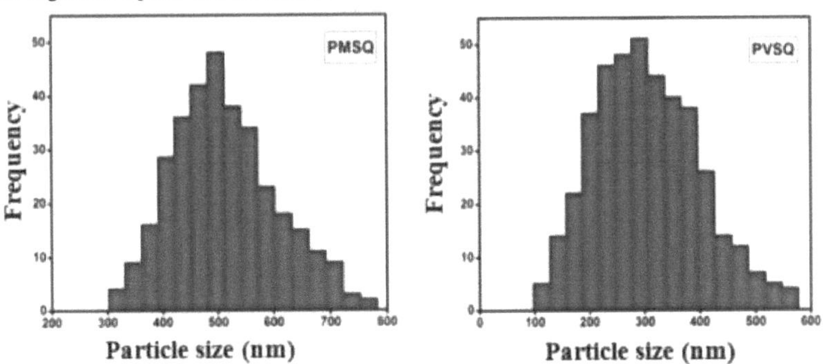

Figura 3.11: Distribuição do tamanho das partículas das nanoesferas PMSQ e PVSQ

**Análise termogravimétrica de nanoesferas de PSQ**

A estabilidade térmica das nanoesferas de PSQ foi investigada por TGA. A Figura 3.12 mostra a curva de TGA das nanoesferas de PMSQ e PVSQ e os resultados obtidos estão resumidos na Tabela 3.3. A decomposição térmica máxima da rede de siloxano foi observada no intervalo de 400-700 °C, devido à degradação das moléculas orgânicas. A temperatura de decomposição do PMSQ e do PVSQ a 10% de perda de peso é de 628 °C e 662 °C, respetivamente. As nanoesferas de PVSQ apresentam uma maior estabilidade térmica quando comparadas com as nanoesferas de PMSQ devido à presença de grupos vinilo na estrutura química.

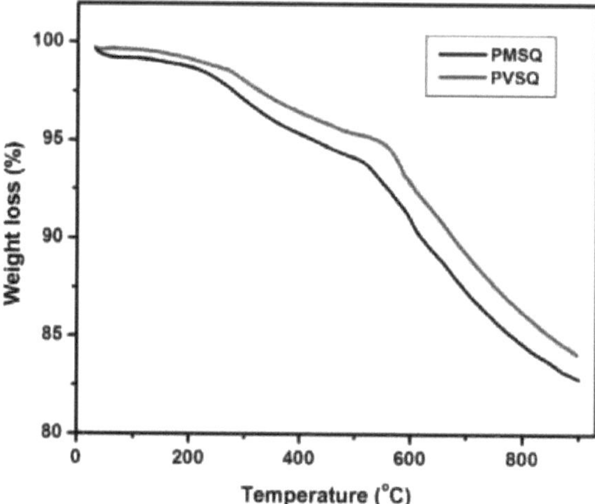

**Figura 3.12:** Termograma TGA das nanoesferas de PSQ

**Tabela 3.3:** Percentagem de perda de peso do PMSQ e do PVSQ

| Amostras | Temperatura (°C) a várias % de perda de peso | | |
|---|---|---|---|
| | 5% | 10% | 15% |
| PMSQ | 455 | 628 | 795 |
| PVSQ | 536 | 662 | 865 |

**Estudos de viscosidade de nanocompósitos OH-PDMS**

Os estudos de viscosidade dos nanocompósitos OH-PDMS reforçados com sílica e carga PSQ foram efectuados a 25° C utilizando o viscosímetro de Brookfield. Em geral, para a preparação de compósitos de duas partes, é preferível utilizar OH-PDMS com uma viscosidade baixa. Uma viscosidade mais elevada dos materiais conduz a dificuldades de mistura e altera as propriedades gerais do material resultante. Quando a carga é incorporada na matriz polimérica, a viscosidade aumenta gradualmente. Depende principalmente da estrutura e do tamanho das partículas da carga, do comportamento reológico da matriz polimérica, da dispersão e da interação entre o polímero e a carga.[57,58] Antes do ensaio, a Parte A (contém OH-PDMS e carga) foi mantida de lado durante 2-3 dias para humedecer. A humidificação ajuda no desenvolvimento de uma forte interação física entre o polímero e o agente de reforço. Os resultados obtidos a partir do viscosímetro de Brookfield foram representados na figura 3.13 em função dos rácios de peso do material de enchimento. A figura mostra que a viscosidade da matriz polimérica aumentou com o aumento do rácio de carga. Os nanocompósitos reforçados com sílica apresentam uma viscosidade mais elevada do que os nanocompósitos carregados com PSQ. A viscosidade do nanocompósito com sílica pirogénica aumentou de 0,75 Pa.s (P-0) para 2,9 Pa.s (PSi-4), o que é 286% superior à do sistema compósito puro. Isto deve-se ao tamanho fino das partículas e ao comportamento hidrofóbico das nanopartículas de sílica. As agregações do material de enchimento também aumentam a viscosidade do polímero. No caso da carga PSQ, a viscosidade aumenta gradualmente de 0,75 para 1,8 Pa.s para o PMSQ e de 0,75 para 1,7 Pa.s para os nanocompósitos PVSQ ao aumentar a quantidade de carga da carga. O aumento da viscosidade do nanocompósito PSQ é comparativamente baixo quando comparado com os nanocompósitos com sílica pirogénica. Geralmente, a elevada viscosidade da amostra de selante adesivo limita as suas aplicações, ao passo que os nanocompósitos com menor viscosidade facilitam a aplicação ao substrato. O nanocompósito OH-PDMS incorporado com PSQ mostra maior resistência a uma viscosidade mais baixa.

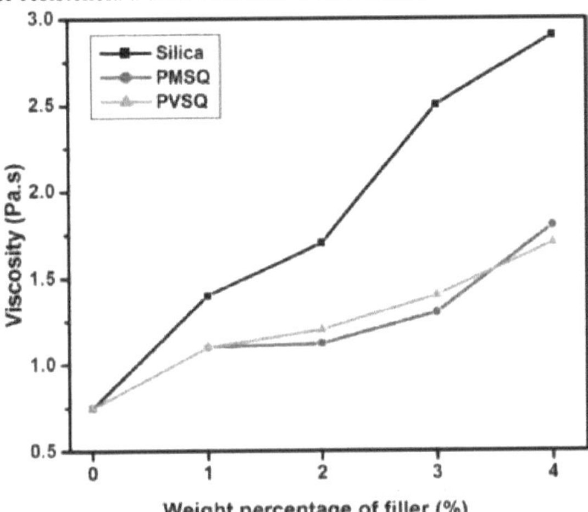


**Figura 3.13:** Viscosidade dos nanocompósitos OH-PDMS

**Propriedades mecânicas dos nanocompósitos OH-PDMS**

As propriedades mecânicas do material polimérico decidem a sua utilidade na área comercial. Foram testadas as propriedades mecânicas das amostras, tais como a resistência à tração, o módulo de Young e o alongamento na rutura. A dureza do nanocompósito OH-PDMS foi também testada pelo durómetro Shore A.[59,60] Os resultados obtidos no ensaio de tração estão tabelados na tabela 3.4. As propriedades mecânicas do nanocompósito OH-PDMS dependem de dois factores: a interação crescente entre a cadeia OH-PDMS e a carga e a distribuição uniforme das cargas na matriz polimérica. As amostras foram testadas após 7 dias de cura à temperatura ambiente e a espessura das amostras foi medida utilizando um compasso de calibre vernier com leitura digital. A partir da tabela 3.4, observa-se que a dureza dos nanocompósitos OH-PDMS aumenta com o aumento da carga de carga. A dureza dos compósitos reforçados com sílica pirogénica aumentou de 36,2 (PSi-1) para 42 (PSi-4), e a dos nanocompósitos carregados com PMSQ e PVSQ aumentou de 36,2-38,3 para 36,2-39,6, respetivamente. O PSi-4 apresenta maior dureza quando comparado com as outras formulações. O nanocompósito carregado com PSQ não apresenta um aumento significativo da dureza com a adição de carga. A dureza obtida dos nanocompósitos situa-se numa gama adequada para aplicações de selagem.

A resistência à tração dos nanocompósitos de PDMS foi determinada utilizando as normas ASTM D 412. Observou-se que a resistência à tração dos nanocompósitos foi aumentada pela incorporação de carga. A curva tensão versus deformação do nanocompósito reforçado com sílica pirogénica, PMSQ e PVSQ é apresentada nas figuras 3.14, 3.15 e 3.16, respetivamente. A partir da tabela 3.4, pode inferir-se que a resistência à tração do nanocompósito aumenta consideravelmente com a adição de cargas. O nanocompósito carregado com 4wt% de PVSQ (PV-4) apresenta uma resistência à tração superior quando comparado com os compósitos carregados com sílica e PMSQ. A resistência à tração do PSi-4, PM-4 e PV-4 foi de 0,95 MPa, 0,78 MPa e 1,1 MPa, respetivamente. A resistência à tração do compósito puro foi de 0,65 MPa e a resistência à tração do PV-4 é 120% superior à do compósito puro, o que indica uma melhor capacidade de reforço e interação física do material de enchimento com a matriz OH-PDMS. A queda na resistência à tração é atribuída à aglomeração de agregados de carga na matriz polimérica, o que leva a uma interação reduzida entre a carga e a matriz. A presença de agregados de carga na matriz polimérica comporta-se como pontos de concentração de tensão, facilitando a propagação de fissuras durante o ensaio, o que, por sua vez, diminui as propriedades mecânicas de todo o sistema.

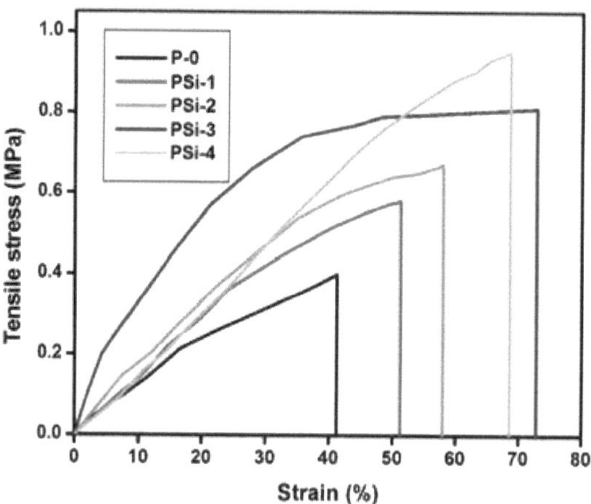


**Figura 3.14:** Curva tensão de tração vs. deformação dos nanocompósitos OH-PDMS carregados com sílica

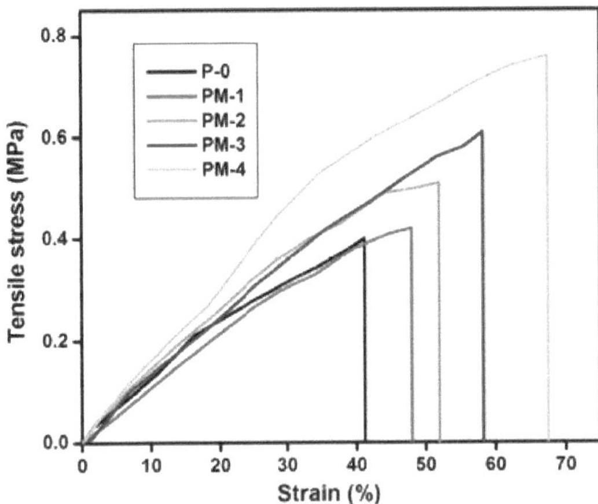

**Figura 3.15:** Curva tensão de tração vs. deformação do nanocompósito OH-PDMS carregado com PMSQ

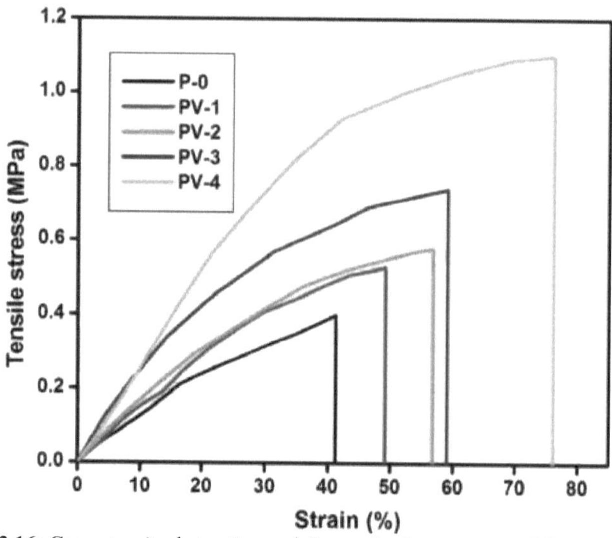


**Figura 3.16:** Curva tensão de tração vs. deformação dos nanocompósitos OH-PDMS carregados com PVSQ

Verificou-se que o módulo de Young destes nanocompósitos melhorava com a carga de material de enchimento. O módulo de Young do PV-4 (1,37 MPa) foi mais elevado do que o do compósito puro P-0 (0,93 MPa). A Tabela 3.4 indica que o PSi-4 e o PV-4 apresentam valores quase semelhantes para o módulo de Young. A percentagem de alongamento na rutura do nanocompósito OH-PDMS também apresenta padrões semelhantes. Também aumenta com o aumento do rácio de carga. Quando a carga de enchimento do sistema excede o seu limite máximo, ocorre a formação de agregação de enchimento que diminui a deformação. Esta diminuição deve-se à dureza e rigidez das cargas que tornam o sistema nanocompósito mais frágil e reduzem o alongamento. A percentagem de alongamento na rutura do nanocompósito é mais elevada para os nanocompósitos com PVSQ. Este facto pode ser atribuído à flexibilidade e à natureza viscoelástica dos compósitos. No caso dos nanocompósitos carregados com sílica, observou-se um aumento significativo das propriedades mecânicas até uma carga de 3% de carga, seguido de uma queda súbita à medida que a concentração de carga aumentava para 4wt%. Este facto pode ser atribuído à fragilidade do sistema compósito devido à restrição do movimento segmentar do polímero com cargas mais elevadas.

**Tabela 3.4:** Propriedades mecânicas dos nanocompósitos OH-PDMS

| S. Não | Código de amostra | Espessura (mm) | Dureza (Shore A) | Resistência à tração (MPa) | Módulo de Young (MPa) | Alongamento na rutura (%) |
|---|---|---|---|---|---|---|
| 1 | P-0 | 1.35 | 36.2 | 0.4 | 0.91 | 41.2 |
| 2 | PSi-1 | 1.61 | 37 | 0.58 | 1.03 | 51.2 |
| 3 | PSi-2 | 1.49 | 39 | 0.67 | 1.22 | 58 |
| 4 | PSi-3 | 1.82 | 41 | 0.81 | 1.27 | 72.8 |
| 5 | PSi-4 | 1.98 | 42 | 0.96 | 1.3 | 68 |
| 6 | PM-1 | 1.63 | 36.2 | 0.42 | 1.06 | 48 |

| 7 | PM-2 | 1.66 | 36.4 | 0.51 | 1.12 | 52.4 |
| 8 | PM-3 | 1.97 | 37.1 | 0.6 | 1.15 | 58.3 |
| 9 | PM-4 | 1.53 | 38.3 | 0.76 | 1.24 | 67.5 |
| 10 | PV-1 | 1.72 | 36.3 | 0.53 | 1.07 | 49.1 |
| 11 | PV-2 | 1.64 | 36.3 | 0.58 | 1.2 | 56.1 |
| 12 | PV-3 | 1.97 | 37 | 0.74 | 1.31 | 59 |
| 13 | PV-4 | 1.87 | 39.6 | 1.1 | 1.37 | 76 |

**Estudos morfológicos**

**Análise por microscopia eletrónica de varrimento de alta resolução (HR-SEM)**

A morfologia da superfície da carga de PSQ e dos nanocompósitos de PDMS foi estudada a partir das imagens SEM. As imagens SEM da carga de PSQ e dos nanocompósitos de PDMS são apresentadas na figura 3.17. A partir da figura, pode observar-se que a PSQ tem uma forma esférica com uma superfície lisa. O PVSQ tem um arranjo homogéneo de partículas, mas no caso do PMSQ, também se observam esferas maiores nas imagens SEM que são, no entanto, relativamente menos numerosas. As micrografias SEM dos filmes de nanocompósitos de PDMS são apresentadas na figura 3.17 (c)-(f). Na figura 3.17 (c), pode ser observada uma imagem simples do compósito de polímero puro sem a adição de carga. A figura 3.17 (d) mostra a imagem SEM da sílica dispersa na matriz polimérica. A dispersão uniforme da sílica pirogénica no compósito foi facilitada devido ao tamanho extremamente pequeno das partículas de sílica. No entanto, no caso do compósito incorporado com PSQ, as figuras 3.17 (e) e 3.17 (f) mostram uma superfície polimérica lisa com saliências de tamanho nano/micrónico distribuídas aleatoriamente na matriz de PDMS. O ponto brilhante na imagem SEM aponta para a dispersão da carga de PSQ na matriz de PDMS. A estratificação da carga pode ser diferente para diferentes partes do nanocompósito devido à mistura mecânica. A suavidade das películas dos nanocompósitos indica que as cargas são eficazmente molhadas pelas cadeias de PDMS. O aumento da concentração de carga na matriz polimérica para além de um limite mínimo leva à formação de aglomerados que afectam as propriedades gerais dos nanocompósitos.

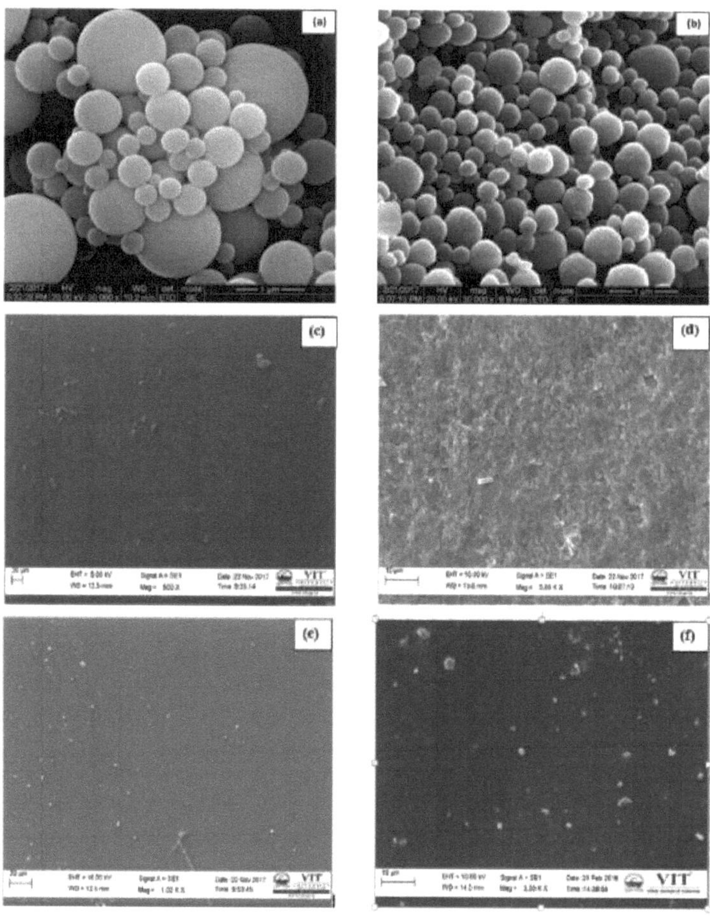

**Figura 3.17:** Micrografias SEM de (a) PMSQ, (b) PVSQ, (c) P-0, (d) PSi-4, (e) PM-4 e (f) PV-4.

**Análise por raios X dispersivos em energia**

O EDAX é utilizado para determinar a composição elementar de materiais poliméricos. A análise EDAX foi efectuada nos nanocompósitos para identificar os elementos presentes no filme compósito. O espetro de EDAX dos compósitos P-0, PSi-4, PM-4 e PV-4 é apresentado na figura 3.18.

O EDAX confirma a presença de todos os elementos esperados (Si, O e C). O teor de sílica foi mais elevado no PV-4 quando comparado com os outros nanocompósitos.

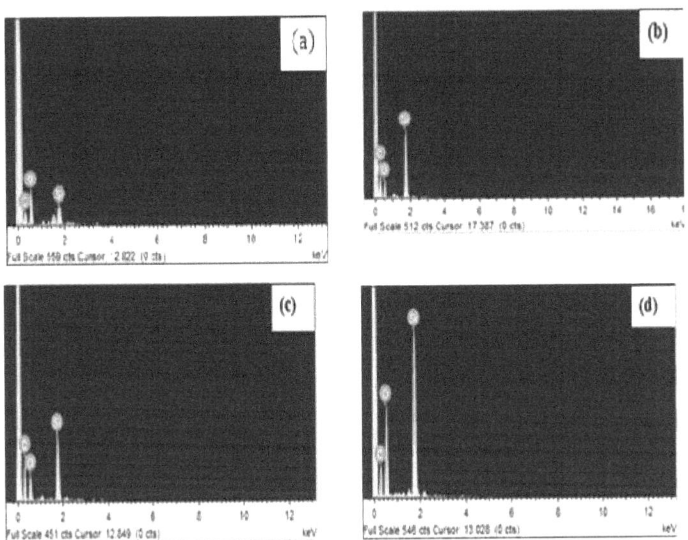

**Figura 3.18:** Espectro EDAX dos nanocompósitos (a) P-0, (b) PSi-4, (c) PM-4, e (d) PV-4.

**Tabela 3.5:** Composição química dos nanocompósitos de PDMS por análise EDAX

| Código de amostra | Peso % | | |
|---|---|---|---|
| | Si | O | C |
| P-0 | 17.49 | 51.54 | 30.97 |
| PSi-4 | 33.47 | 26.88 | 41.65 |
| PM-4 | 27.19 | 25.18 | 47.63 |
| PV-4 | 34.93 | 37.94 | 27.13 |

**Propriedades térmicas dos nanocompósitos OH-PDMS**

**Análise termogravimétrica**

A influência da sílica pirogénica e das nanoesferas de PSQ na estabilidade térmica dos nanocompósitos poliméricos foi avaliada por TGA. Os termogramas TGA do nanocompósito com diferentes proporções de peso são apresentados na figura 3.19. Pode inferir-se que a estabilidade térmica dos nanocompósitos poliméricos foi melhorada pela adição de sílica e de carga PSQ. A primeira perda de peso do nanocompósito OH-PDMS foi observada aproximadamente a 350-500 °C, o que se deve à condensação do silanol residual e do PSQ de menor peso molecular. Os parâmetros obtidos a partir da TGA, tais como a temperatura de decomposição inicial (IDT), a temperatura a 50% de perda de peso ($T_{50}$) e o resíduo de carvão, estão tabelados na tabela 3.6. O PDMS degrada-se termicamente pela ação da temperatura e decompõe-se para formar oligómeros cíclicos. O IDT dos nanocompósitos poliméricos mostrou um aumento considerável da estabilidade térmica quando comparado com o polímero puro. A partir da tabela, pode observar-se que o PV-4 apresenta um valor IDT mais elevado (381 °C) quando comparado com outros nanocompósitos. Isto deve-se à presença de uma ligação dupla na sua estrutura e à dispersão bem ordenada da carga PVSQ no polímero PDMS. No nanocompósito de PSi, não se registam alterações significativas no IDT com o aumento do teor de carga. Isto indica que, ao aumentar o teor de sílica, a estabilidade térmica não apresenta qualquer melhoria significativa. Este facto pode ser atribuído ao efeito negativo da sílica na cura.[61] O aumento significativo da estabilidade térmica do nanocompósito carregado com PSQ deve-se à elevada estabilidade térmica da ligação Si-O-Si presente na nanoesfera de PSQ. Geralmente, a ligação de siloxano tem uma energia de ligação mais elevada do que a ligação C-C e, por conseguinte, é necessária mais energia para quebrar a ligação de siloxano.

O rendimento em carvão do PSi-4 (8%) foi superior ao dos outros nanocompósitos. Isto indica a deposição efectiva de sílica pirogénica na superfície do polímero. O rendimento em carvão depende principalmente da natureza e da percentagem de carga do material de enchimento. A decomposição térmica gradual dos nanocompósitos pode ser atribuída às moléculas orgânicas presentes no filme compósito.

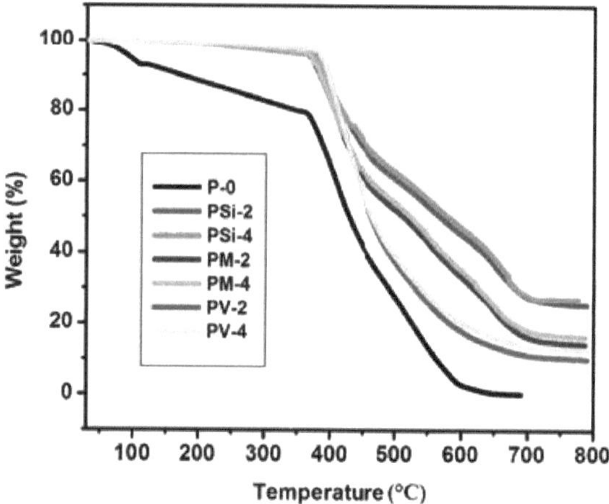


**Figura 3.19:** Termogramas TGA dos nanocompósitos OH-PDMS

**Tabela 3.6:** Parâmetros obtidos a partir dos termogramas TGA

| Código de amostra | Temperatura de degradação inicial, IDT ($_{0C}$) | Temperatura de 50% de perda de peso, $T_{50}$ ($_{0C}$) | Rendimento em carvão (%) |
|---|---|---|---|
| P-0 | 362.2 | 424.5 | 0.5 |
| PSi-2 | 373.2 | 567 | 25.7 |
| PSi-4 | 374 | 582.2 | 26.9 |
| PM-2 | 366 | 513.6 | 14.7 |
| PM-4 | 368.7 | 523 | 17 |
| PV-2 | 377.2 | 463 | 10.4 |
| PV-4 | 381 | 469 | 13.3 |

**Análise calorimétrica diferencial de varrimento (DSC)**

O comportamento da transição térmica do polímero e dos nanocompósitos OH-PDMS são parâmetros importantes para o processamento e aplicações de polímeros. A curva DSC de P-0, PS-4, PM-4 e PV-4 é apresentada na figura 3.20 As propriedades térmicas do polímero e dos compósitos dependem do método de cura e das propriedades da carga de reforço. A incorporação da carga afecta a temperatura de transição térmica dos compósitos.

A adição de cargas à matriz polimérica altera significativamente as propriedades físico-químicas e mecânicas do polímero hospedeiro devido à grande relação superfície-volume das cargas. A interação interfacial (atractiva ou repulsiva) entre as cargas e a matriz polimérica influencia a Tg dos nanocompósitos.[62] A partir da figura 3.20, o valor de Tg do compósito puro sem a incorporação de carga é de -124°C. O valor de Tg de 4 wt% de nanocompósitos reforçados com sílica foi observado à temperatura de -121°C. Assim, pode inferir-se que a transição vítrea não é significativamente afetada pela incorporação de sílica. Os nanocompósitos reforçados com PMSQ também mostram a mesma tendência que os nanocompósitos incorporados com sílica e a Tg foi encontrada a -120 °C. A mobilidade da orientação nativa das cadeias poliméricas foi restringida pelas cargas dispersas na matriz polimérica, pelo que a Tg aumenta. As ligeiras alterações da Tg confirmam que as cargas raramente afectam as regiões amorfas do polímero.[63] O efeito plastificante das cargas também reduz a Tg dos nanocompósitos. Nos nanocompósitos reforçados com PVSQ, a Tg foi encontrada a -118 °C. O aumento da Tg do PV-4 indica uma forte interação entre a carga de PVSQ e a matriz polimérica de PDMS, o que garante uma dispersão fina da carga na matriz polimérica.

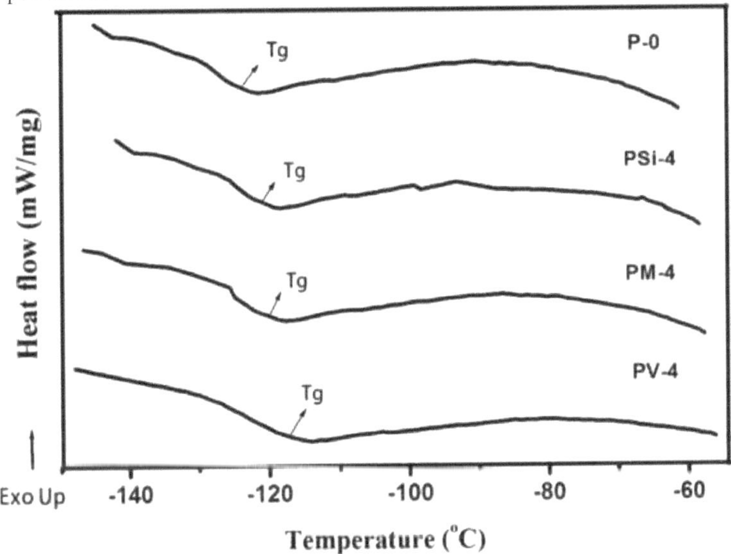


**Figura 3.20:** Termogarma DSC dos nanocompósitos OH-PDMS

## Propriedades dieléctricas dos nanocompósitos OH-PDMS

A resistência dieléctrica (DS) é definida como a resistência eléctrica de um material isolante. É medida como a tensão máxima necessária para produzir uma rutura dieléctrica do material. A rigidez dieléctrica do material depende normalmente da espessura da amostra e das suas condições de ensaio. Zha et al. relataram as propriedades dieléctricas e térmicas do elastómero de silicone preenchido com carboneto de silício e alumina.[64] A rigidez dieléctrica do nanocompósito de PDMS e do compósito puro foi testada por um testador de alta tensão RE utilizando as normas ASTM D149. A temperatura da condição de teste é mantida a 25° C. As amostras foram preparadas com uma espessura inferior a 1 mm e 5-6 cm de diâmetro. As medições de rutura CA foram efectuadas utilizando uma fonte de alta tensão com uma saída máxima de 50 kV a 6 A. A tensão CA aplicada foi de 50 Hz a uma velocidade de 2 kV/s. A taxa foi aumentada até ocorrer uma rutura. Após a rutura, as amostras testadas foram cuidadosamente retiradas do molde. A espessura do ponto perfurado foi medida utilizando um paquímetro automático e os valores obtidos foram registados.

A rigidez dieléctrica dos nanocompósitos foi calculada utilizando a seguinte equação (3).

$$Dielectric\ Strength = \frac{Applied\ Voltage}{Thickness\ of\ the\ Sample} \tag{3}$$

A força dieléctrica dos nanocompósitos OH-PDMS está tabelada na tabela 3.7. Os resultados revelam que a rigidez dieléctrica aumenta consideravelmente com a adição de carga à matriz. O PV-4 (25,26 kV/mm) apresenta o valor dielétrico mais elevado, que é 156% superior ao do compósito puro P-0 (16,88 kV/mm). A rigidez dieléctrica dos nanocompósitos carregados com PMSQ e Si mostra um comportamento semelhante com o aumento do rácio de carga. A ligeira diminuição para o nanocompósito carregado com PMSQ pode ser atribuída à formação de agregados da carga na matriz polimérica. O aumento das propriedades dieléctricas do nanocompósito de PDMS incorporado com PSQ deve-se à presença de um rácio mais elevado de siloxano para o grupo metilo na sua estrutura.

**Tabela .7:** Propriedades dieléctricas dos nanocompósitos OH-PDMS

| S. Não | Código de amostra | Tensão aplicada (kV) | Espessura (mm) | Rigidez dieléctrica (kV/mm) |
|---|---|---|---|---|
| 1 | P-0 | 10.47 | 0.62 | 16.88 |
| 2 | PSi-2 | 18 | 0.79 | 22.78 |
| 3 | PSi-4 | 20.6 | 0.89 | 23.14 |
| 4 | PM-2 | 15.4 | 0.75 | 20.53 |
| 5 | PM-4 | 14.8 | 0.69 | 21.44 |
| 6 | PV-2 | 17.2 | 0.72 | 23.88 |
| 7 | PV-4 | 19.2 | 0.76 | 25.26 |

**Condutividade térmica dos nanocompósitos OH-PDMS**

A condutividade térmica (Tc) dos nanocompósitos foi investigada pelo aparelho de teste de condutividade térmica, utilizando a técnica da fonte plana transiente modificada (MTPS), de acordo com a norma ASTM D 7984. O tamanho da amostra foi mantido em 40 mm de diâmetro e 3 mm de espessura. Os gráficos de condutividade térmica versus concentração de carga dos nanocompósitos são apresentados na figura 3.21. A Tc do compósito puro foi de 0,159 W/mK. Observou-se que a condutividade térmica dos nanocompósitos mostra um aumento com o aumento da carga de enchimento. O valor de Tc é de 0,19 W/mK para 4wt% de nanocompósitos carregados com PVSQ, o que é 20% superior ao do compósito puro. A dispersão uniforme das partículas de PVSQ na matriz polimérica reduz a aglomeração do material de enchimento e promove a circulação adequada do calor através da matriz polimérica. O nanocompósito incorporado com sílica também mostra um aumento de Tc com o aumento do rácio de carga e obtém-se um valor de Tc mais elevado (0,189 W/mK) com 4wt% de carga de sílica. No caso dos compósitos reforçados com PMSQ, observa-se uma Tc mais baixa quando comparada com as outras formulações. Este facto pode ser atribuído à formação de agregados de nanofiller na matriz, o que diminui a relação de aspeto e se comporta como um reservatório de calor, dificultando a circulação do fluxo de calor. Um tipo semelhante de efeito de aglomeração de nanopartículas foi observado por Singh et al.[65] A condutividade térmica do nanocompósito de PDMS pode ser melhorada através da incorporação de cargas condutoras, tais como nanotubos de carbono, nitreto de boro, óxido de alumínio, etc. na matriz, mas pode ter um efeito adverso nas propriedades mecânicas do sistema e, por conseguinte, tem de ser optimizada com base em aplicações específicas.

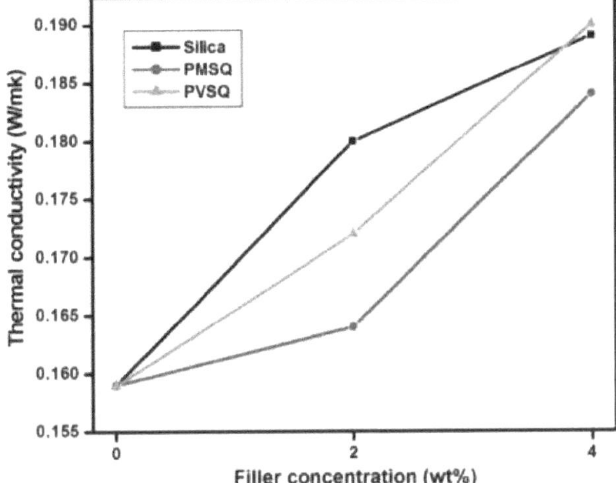


**Figura 3.21:** Condutividade térmica dos nanocompósitos OH-PDMS

**Estudos de vida útil de vedantes de silicone**

O tempo de vida útil é um dos parâmetros importantes para a seleção de selantes para diferentes aplicações industriais. O tempo de vida dos nanocompósitos de selante de silicone preparados foi investigado à temperatura ambiente e os resultados são apresentados na figura 3.22. O tempo de vida dos compósitos é determinado após a mistura do agente de cura na matriz polimérica.[66] A partir da figura, pode observar-se que o tempo de vida dos nanocompósitos diminui com o aumento da quantidade de carga. Este facto pode ser atribuído ao aumento da viscosidade dos nanocompósitos com o aumento da carga. O tempo de vida do compósito puro foi superior em 85 minutos quando comparado com outros compósitos reforçados com carga. No caso dos compósitos reforçados com sílica, o tempo de vida do nanocompósito mostra uma diminuição significativa com o aumento da concentração de carga. O valor mínimo do tempo de vida é de 38 minutos a 4wt% de carga de sílica, o que é 47 minutos inferior ao do compósito puro. O rápido aumento da viscosidade dos compósitos com a carga de sílica é responsável por este fenómeno. Os nanocompósitos carregados com PSQ também apresentam a mesma tendência no tempo de vida útil ao aumentar a proporção de carga. O nanocompósito reforçado com PVSQ mostra um tempo de vida ligeiramente superior ao do nanocompósito reforçado com PMSQ a 4wt% de carga. O tempo de vida do PV-4 é de 66 minutos, o que é 2 minutos superior ao do PM-4. O tempo de vida mais elevado do nanocompósito carregado com PVSQ deve-se à dispersão fina da carga que resulta numa boa compatibilidade entre o polímero e a carga. Os nanocompósitos com maior tempo de vida útil são preferidos para aplicações de selantes.

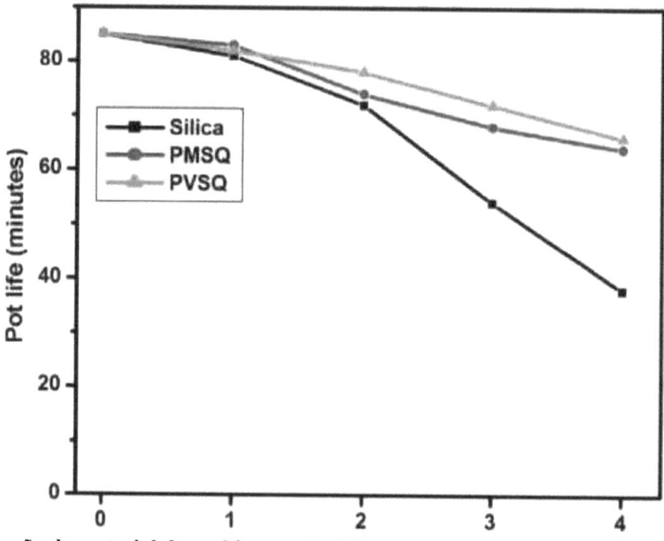


**Concentração de material de enchimento (wt%)**

**Figura 3.22:** Vida útil dos selantes nanocompósitos OH-PDMS

**Transparência ótica de vedantes de silicone**

Para avaliar as propriedades ópticas do nanocompósito OH-PDMS, os valores da transmitância ótica para todas as amostras foram registados pelo espetrómetro UV-Vis no comprimento de onda visível que varia entre 380-750 nm. A Figura 3.23 mostra o efeito da carga de enchimento na transparência dos nanocompósitos. Verificou-se que a incorporação de várias cargas diminui a percentagem de transmitância do OH-PDMS em todos os níveis de carga.[67] Isto é atribuído ao facto de haver um aumento na dispersão da luz pelas partículas incorporadas dispersas na matriz OH-PDMS. A transmitância do compósito puro foi de 85%. No nanocompósito carregado com PVSQ, a percentagem de transmitância diminui ligeiramente com o aumento do rácio de carga e a percentagem de transmitância do PV-4 é de 79%, o que é 7% inferior à do compósito puro.

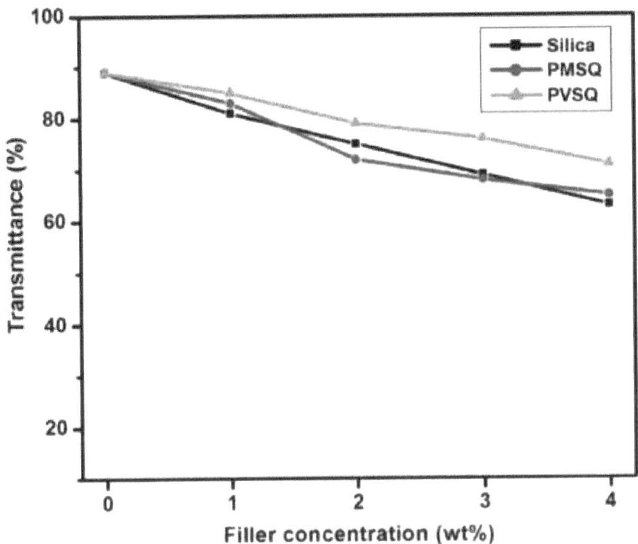

**Figura 3.23:** Transmitância ótica dos nanocompósitos OH-PDMS

## Ensaio de cisalhamento de selantes nanocompósitos OH-PDMS
### Preparação do substrato

A força adesiva dos vedantes de silicone é testada em substratos de aço macio (MS) e de alumínio (Al). A superfície do aço macio e do alumínio aderente foi cuidadosamente limpa por abrasão mecânica utilizando folhas de esmeril para remover a sujidade e outros contaminantes da parte aderente do vedante e foi depois limpa com acetona. O tratamento mecânico dos substratos proporciona uma elevada energia de superfície para a ligação entre o metal e o adesivo. Posteriormente, o adesivo foi aplicado aos substratos em porções específicas de acordo com a norma ASTM D 1002 e consistentemente comprimido e curado. O provete de ensaio foi mantido à temperatura ambiente para a cura e as amostras foram testadas após 7 dias de cura. Os ensaios foram realizados a uma velocidade de 1,3 mm/minuto, considerando pelo menos cinco amostras para cada sistema e os resultados médios foram comunicados. A imagem do espécime de ensaio de cisalhamento é mostrada na figura 3.24.

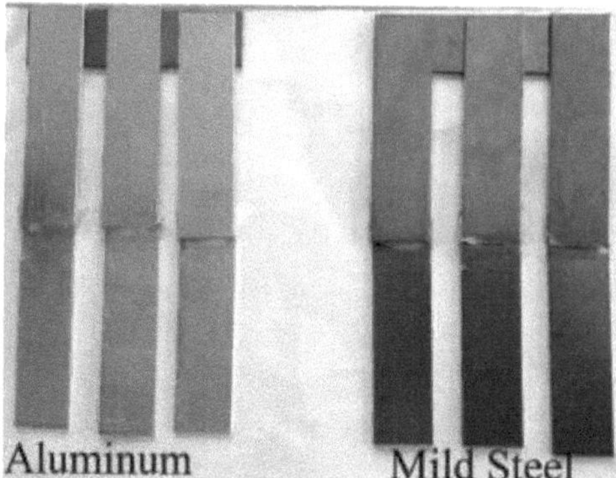


**Figura 3.24:** Ensaio de cisalhamento do selante de silicone em substratos de alumínio e aço macio.

A resistência ao cisalhamento dos nanocompósitos de PDMS foi testada pela Máquina Universal de Tração (UTM). Foi calculada utilizando a equação (4).

$$Lap\ Shear\ Strength(LSS) = \frac{F}{W \times L} \tag{4}$$

Onde F é a carga de rotura, W e L são a largura e o comprimento da junta adesiva, respetivamente. A largura e o comprimento da junta adesiva, de acordo com a norma ASTM D1002, são de 12,5 mm e 25 mm, respetivamente.[68] Estes valores foram utilizados para calcular a resistência ao cisalhamento do selante de silicone.

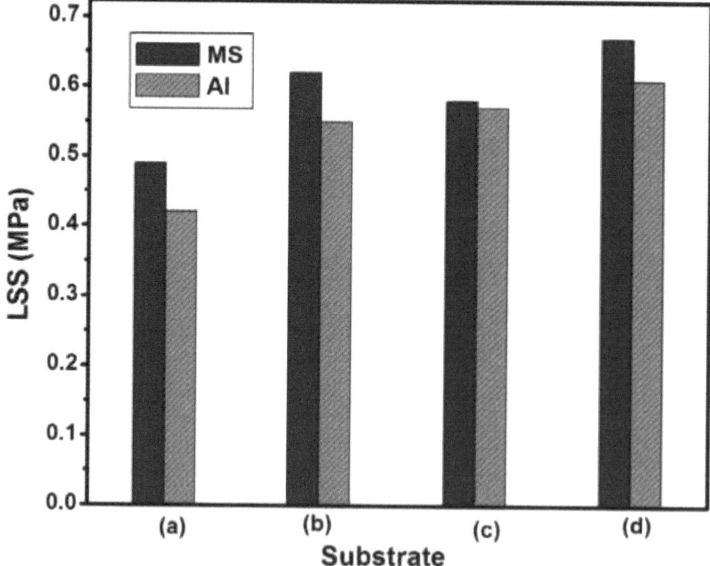


**Figura 3.25:** Resistência ao cisalhamento por volta dos nancompósitos OH-PDMS (a) P-0, (b) PSi-4 (c) PM-4 e (d) PV-4

Os promotores de adesão são utilizados para aumentar a adesão entre o substrato e as amostras. Neste caso, o aminosilano é utilizado como agente promotor de adesão, uma vez que cria muitas ligações estáveis em fases orgânicas e inorgânicas e ajuda a uma adesão efectiva. A falha de adesão ocorre no ensaio LSS de duas formas: falha adesiva e falha coesiva. A área de adesão foi constante para todos os substratos da junta sobreposta. A resistência ao cisalhamento por tração é apresentada na figura 3.25. A partir do gráfico, o LSS do selante de silicone mostra um aumento significativo quando comparado com o selante compósito puro. A LSS do compósito puro (P-0) foi de 0,53 MPa para o aço macio e de 0,48 MPa para o substrato de alumínio. A força de adesão do selante de silicone foi maior para o substrato de aço macio do que para o substrato de alumínio. O PV-4 apresenta o valor mais elevado de LSS em ambos os substratos. O valor mais elevado de LSS para o PV-4 é de 0,67 MPa no MS, o que é 37% superior ao do compósito puro. No caso do Al aderente, o LSS do PV-4 é de 0,61, o que é 35% superior ao do sistema compósito puro. A presença de um promotor de aderência no compósito também aumenta o LSS do

O PV-4 apresenta uma falha parcial do adesivo em testes de cisalhamento por lapidação. O PV-4 mostra uma falha adesiva parcial no teste de cisalhamento. O valor mais elevado de PV-4 indica uma maior interação interfacial entre as cargas e a matriz polimérica. O nanocompósito carregado com PMSQ mostra quase o mesmo LSS em ambos os substratos. Os valores são 0,58 MPa para MS e 0,57 MPa para Al. A falha coesiva ocorre no PM-4 durante o teste de cisalhamento, o que pode ser atribuído à presença de aglomerados nos nanocompósitos. Com a incorporação de 4wt% de sílica na matriz OH-PDMS (PSi-4), o valor LSS aumenta para 0,63 MPa de 0,49 MPa para o aço macio, o que é 28% superior ao dos compósitos simples. Para o Al aderente, o PSi-4 tem um valor 22% mais elevado do que o compósito puro. Este aumento pode ser atribuído à molhabilidade efectiva das cargas na matriz de PDMS, o que resulta numa boa adesão interfacial aos substratos.

**REFERÊNCIAS**

1.  Suriano, R., Boumezgane, O., Tonelli, C. & Turri, S. Propriedades viscoelásticas e comportamento de auto-regeneração numa família de misturas iónicas supramoleculares de oligómeros funcionais de silicone. *Polym. Adv. Technol.* **31**, 3247-3257 (2020).

2.  Li, M. *et al.* Efeitos da viscoelasticidade e da humidificação da superfície nas propriedades de contacto e adesivas de um material macio. *Polym. Test.* **74**, 266-273 (2019).

3.  V., A., Sankaraiah, S. & N. L., M. Desenvolvimento de um sistema de adesivo nanocompósito curado por adição de polissesquioxano/PDMS para aplicações electrónicas. *New J. Chem.* **43**, 16322-16330 (2019).

4.  Srivastava, T., Katari, N. K., Ravu R., Govindrajan, K. V. & Krishna Mohan, S. Investigation of High-Temperature Stability and Thermal Endurance of Silicone Potting Compound by Thermo-Gravimetric Analysis. *Silicon.***6**, 1-8 (2020).

5.  Teshima, H., Misra, S., Takahashi, K. & Mitra, S. K. Movimento termocapilar mediado por filme precursor de microgotículas de baixa tensão superficial. *Langmuir.***36**, 5096-5105 (2020).

6.  Ou, Z., Gao, F., Zhao, H., Dang, S. & Zhu, L. Pesquisa sobre a condutividade térmica e as propriedades dielétricas de compósitos de borracha de silicone líquido de cura por adição preenchidos com AlN e BN. *RSC Adv.* **9**, 28851-28856 (2019).

7.  Yamashita, K., Yokouchi, T. & Sawada, H. Preparação fácil de viniltrimetoxissilanooligómero com extremidade de fluoroalquilo/α,  ro-di-hidroxi-terminado borracha composta de poli(dimetilsiloxano): aplicação à remoção eficaz de compostos aromáticos fluorados de uma solução aquosa de metanol por borracha composta de silicone fluoroalquilada. *J. Coatings Technol. Res.* **18**, 63-73 (2021).

8.  Zhang, Z., Wu, Y., Gao, L. & Xiao, G. Separação por pervaporação de solução aquosa de ácido levulínico por membrana composta de ZSM-5/PDMS. *J. Appl. Polym. Sci.* **138**, 1-10 (2020).

9.  O'Connor, H. & Dowling, D. P. Evaluation of the protective performance of hydrophobic coatings applied on carbon-fibre epoxy composites. *J. Compos. Mater.* **54**, 1327-1338 (2020).

10. Zhu, Y., Chen, L., Zhang, C. & Guan, Z. Preparação de um revestimento hidrofóbico antirreflexo de SiO2 com deposição de PDMS a partir de um sol de SiO2 - PEG à base de água. *Appl. Surf. Sci.* **457**, 522-528 (2018).

11. Ghanbari, K., Ehsani, M., Jannesari Ladani, A., Mohseni, M. & Ghaffari, M. Estudo termoanalítico de termoendurecíveis de siloxano-poliuretano: Deconvolução cinética de reacções de cura heterogéneas sobrepostas. *Prog. Org. Coatings.***112**, 234-243 (2017).

12. Ansari, S., Varghese, J. M. & Dayas, K. R. Sistema adesivo composto de polidimetilsiloxano-cristobalite para aplicações aeroespaciais. *Polym. Adv. Technol.* **20**, 459-465 (2009).

13. Ding, J. *et al.* Grafeno - híbrido de nanotubos de carbono alinhado verticalmente em PDMS como eléctrodos extensíveis. *Nanotecnologia.***28**, 0-23 (2017).

14. Jiang, Y. *et al.* Montagem Interfacial e Comportamento de Bloqueio de Partículas Poliméricas de Janus em Interfaces Líquidas. *ACS Appl. Mater. Interfaces.* **9**, 33327-33332 (2017).

15. Al-Handarish, Y. *et al.* Fabrico fácil de esponjas porosas 3D revestidas com negro de carbono sinérgico/nanotubos de carbono de paredes múltiplas para aplicações de deteção tátil. *Nanomaterials.***10**, 1-19 (2020).

16. Hong, H., Chen, L., Zhang, Q. & He, F. A estrutura e as propriedades de pervaporação para ácido acético/água de membranas compostas de polidimetilsiloxano. *Mater. Des.* **34**, 732-738 (2012).

17. Fang, C. *et al.* Efeito de nanotubos de carbono de paredes múltiplas nas propriedades físicas e na cristalização de compósitos PET/TPU reciclados. *RSC Adv.* **8**, 8920-8928 (2018).

18. Barkoula, N. M., Alcock, B., Cabrera, N. O. & Peijs, T. Propriedades de Retardância à Chama do Poli(Fosfato) de Amónio Intumescente e do Enchimento Mineral Hidróxido de Magnésio em Combinação com Grafeno. *Polym. Compos.* **16**, 101-113 (2008).

19. Wasti, S. *et al.* Influência de plastificantes nas propriedades térmicas e mecânicas de filamentos biocompostos feitos de lignina e ácido poliláctico para impressão 3D. *Compos. Part B Eng.* **205**, 1-12 (2021).

20. Song, S. C. *et al.* Síntese e propriedades de dispersões de poliuretano à base de água para revestimentos de superfície em poli(cloreto de vinilo). *Mol. Cryst. Liq. Cryst.* **706**, 101-107 (2020).

21. Gong, X.; He, S. Superfícies super-hidrofóbicas de polidimetilsiloxano / nanocompósito de sílica altamente duráveis com boa capacidade de autolimpeza. *ACS Omega.***2020**, *5* (8), 4100-4108.

22. Klonos, P. *et al.* Interações interfaciais e dinâmica segmentar complexa em sistemas baseados em nanopartículas de sílica-polidimetilsiloxano com núcleo e concha: Estudo dielétrico e térmico. *Polymer (Guildf).* **58**, 9-21 (2015).

23. Mourad, A. H. I., Abu-Jdayil, B. & Hassan, M. Comportamento mecânico do compósito de enchimento de xisto vermelho dos Emirados / poliéster insaturado. *SN Appl. Sci.* **2**, 1-9 (2020).

24. El-Tonsy, M. M., Fouda, I. M., Oraby, A. H., Felfel, R. M. & El-Henawey, M. I. Dependência das propriedades físicas do polietileno linear de baixa densidade do tamanho da carga de dióxido de silício. *J. Thermoplast. Compos. Mater.* **29**, 754-767 (2016).

25. Bilalova, E. A., Prut, E. V. & Kuznetsova, O. P. Material compósito de polipropileno e as suas propriedades reológicas e mecânicas em função do tamanho do material de enchimento CaCO3. *IOP Conf. Ser. Mater. Sci. Eng.* **525**, 1-8 (2019).

26. Kucharek, M., MacRae, W. & Yang, L. Investigação dos efeitos de partículas de aerogel de sílica nas propriedades térmicas e mecânicas de compósitos de epóxi. *Compos. Part A Appl. Sci. Manuf.* **139**, 1-11 (2020).

27. Alimi, L. *et al.* Estrutura e propriedades mecânicas do compósito PMMA/GF/Perlon para próteses ortopédicas. *Mater. Today Proc.* **31**, S162-S167 (2020).

28. Niemczyk, A. *et al.* Resinas de siloxano-silsesquioxano funcionalizadas e compósitos à base de polipropileno: Propriedades morfológicas, estruturais, térmicas e mecânicas. *Polym. Compos.* **40**, 3101-3114 (2019).

29. Ye, N. *et al.* Melhoria do desempenho de compósitos de borracha utilizando um agente de acoplamento de sílica interfacial sem COV. *Compos. Part B Eng.* **202**, 1-10 (2020).

30. D'Arienzo, M. *et al.* Revestimentos de nanocompósitos de polissilsesquioxanos do tipo SiO2/ladder: Brincar com a interface híbrida para ajustar as propriedades térmicas e a molhabilidade. *Coatings.* **10**, 1-9 (2020).

31. Tsukada, S. *et al.* Películas de proteção NIR baseadas no híbrido PEDOT-PSS/polissiloxano e polissilsesquioxano. *J. Appl. Polym. Sci.* **137**, 1-10 (2020).

32. Jung, K. I. *et al.* Effect of methacryloxypropyl and phenyl functional groups on crosslinking and rheological and mechanical properties of ladder-like polysilsesquioxane hard

coatings. *Prog. Org. Coatings.* **124**, 129-136 (2018).

33. Mandal, A. K., Ghorai, A. & Banerjee, S. Sulphonated polysilsesquioxane- polyimide composite membranes: proton exchange membrane properties. *Bull. Mater. Sci.* **43**, 1-11(2020).

34. Chandramohan, A., Chozhan, C. K. & Alagar, M. Nanocompósitos híbridos de bis(4-maleimidofenil) benzoxazina reforçados com fósforo. *High Perform. Polym.* **25**, 744-758 (2013).

35. Fina, A., Tabuani, D. & Camino, G. Misturas de polipropileno-polissesquioxano. *Eur. Polym. J.* **46**, 14-23 (2010).

36. Xu, K., Chanthad, C., Gadinski, M. R., Hickner, M. A. & Wang, Q. Membranas compósitas de polissesquioxano-nafion funcionalizadas com ácido com elevada condutividade de protões e maior seletividade. *ACS Appl. Mater. Interfaces.* **1**, 2573-2579 (2009).

37. Yamamoto, S. ichi *et al.* Preparação de polisilsesquioxano com grupo dimetilamino e polímero termoresponsivo enxertado. *Polymer (Guildf).* **47**, 7693-7701 (2006).

38. Staudt, Y., Odenbreit, C. & Schneider, J. Comportamento de falha do adesivo de silicone em ligações coladas com geometria simples. *Int. J. Adhes. Adhes.* **82**, 126-138 (2018).

39. De Buyl, F. Selantes de silicone e adesivos estruturais. *Int. J. Adhes. Adhes.* **21**, 411-422 (2001).

40. Yin, Y.et al. Selantes de silicone amigos do ambiente por reação de reticulação auto-catalítica de aminoetil trietoxisilanos. *Polym. Eng. Sci.* **51**, 10331044 (2011)

41. Machalicka, K., Vokac, M. & Eliasova, M. Influência do envelhecimento artificial em ligações adesivas estruturais para aplicações em fachadas. *Int. J. Adhes. Adhes.* **83**, 168-177 (2018).

42. Lee, A. D., Shepherd, P., Evernden, M. C. & Metcalfe, D. Measuring the effective Young's modulus of structural silicone sealant in moment-resisting glazing joints. *Constr. Build. Mater.* **181**, 510-526 (2018).

43. Pantaleo, A., Roma, D. & Pellerano, A. Influência do substrato de madeira na colagem de juntas com selantes de silicone estruturais para aplicações em caixilhos de madeira. *Int. J. Adhes. Adhes.* **37**, 121-128 (2012).

44. Xu,X., Song, Y., Zheng, Q. & Hu, G. Influência da incorporação de CaCO3 no selante de silicone vulcanizado à temperatura ambiente nas suas propriedades mecânicas e reológicas dinâmicas, *J. Appl. Polym. Sci.* **103**, 2027-2035 (2007)

45. De Buyl, F. A generalized cure model for one-part room temperature vulcanizing sealants and adhesives. *J. Adhes. Sci. Technol.* **27**, 551-565 (2013).

46. De Buyl, F., Comyn, J., Shephard, N. E. & Subramaniam, N. P. Kinetics of cure, cross link density and adhesion of water-reactive alkoxysilicone sealants. *J. Adhes. Sci. Technol.* **16**, 1055-1071 (2002).

47. Juraskova, A., Dam-Johansen, K., Olsen, S. M. & Skov, A. L. Factores que influenciam a estabilidade mecânica a longo prazo dos elastómeros de silicone de cura por condensação. *J. Polym. Res.* **27**, 1-14 (2020).

48. Li, H. *et al.* Investigação da resina de silicone vinil MQ ligada ao ureido sobre a resistência ao rastreio e à erosão da borracha de silicone líquida de cura por adição. *J. Appl. Polym. Sci.* **136**, 3-9 (2019).

49. Shankar Banerjee, S., Ramakrishnan, Indumathi, Satapathy, Bhabani. Rheological Behavior and Network Dynamics of Silica Filled Vinyl-Terminated Polydimethylsiloxane

Suspensions (Comportamento reológico e dinâmica de rede de suspensões de polidimetilsiloxano terminado em vinil preenchidas com sílica). *Polym. Eng. Sci.* **57**, 1-9 (2016)

50. Li, Q. *et al.* Melhoria das propriedades da borracha de silicone vulcanizada à temperatura ambiente através do aminopropiltrietoxisilano modificado com resina como agente de reticulação. *ACS Sustain. Chem. Eng.* **5**, 10002-10010 (2017).

51. Liu, Y. *et al.* Melhoria das propriedades do elastómero de silicone vulcanizado à temperatura ambiente através da inclusão de nanotubos de carbono de paredes múltiplas modificados à superfície. *J. Alloys Compd.* **657, 472-477** (2016).

52. Sankaraiah, S., Lee, J. M., Kim, J. H. & Choi, S. W. Preparação e caraterização de esferas duras de polissilsesquioxano funcionalizadas à superfície em meio aquoso. *Macromolecules.* **41**, 6195-6204 (2008).

53. Kanamori, K. Materiais monolíticos de silsesquioxano com estrutura de poros bem definida. *J. Mater. Res.* **29**, 2773-2786 (2014).

54. Anoop, V., Subramani, S., Jaisankar, S. N., Sohini, C. & Mary, N. L. Propriedades mecânicas, dieléctricas e térmicas do nanocompósito de polidimetilsiloxano/polisilsesquioxano para aplicação em vedantes. *J. Appl. Polym. Sci.* **136**, 1-14, (2018).

55. Johnson, L. M. *et al.* Micropartículas elastoméricas para mediação acústica bioseparações. *J. Nanobiotechnology.* **11**, 1-8 (2013).

56. Ma, W., Zhang, D., Duan, Y. & Wang, H. Altamente monodisperso Esferas de polisilsesquioxano: Síntese e aplicação em tecidos de algodão. *J. Colloid Interface Sci.* **392**, 194-200 (2013).

57. Nusser, K., Schneider, G. J., Pyckhout-Hintzen, W. & Richter, D. Diminuição da viscosidade e reforço em compósitos de polímero-silsesquioxano. *Macromolecules.* **44**, 7820-7830 (2011).

58. Jia, Z., Chen, S. & Zhang, J. Preparação e propriedades de compósitos de polidimetilsiloxano-mica. *J. Appl. Polym. Sci.* **127**, 3017-3025 (2013).

59. Garg, P., Singh, R. P. & Choudhary, V. Pervaporation separation of organic azeotrope using poly(dimethyl siloxane)/clay nanocomposite membranes. *Sep. Purif. Technol.* **80**, 435-444 (2011).

60. Gunay, Y., Kurtoglu, C., Atay, A., Karayazgan, B. & Gurbuz, C. C. Efeito do tule nas propriedades mecânicas de um elastómero de silicone maxilofacial. *Dent. Mater. J.* **27**, 775-779 (2008).

61. Tamo-Saavedra, J., Lopez-Beceiro, J., Naya, S. & Artiaga, R. Efeito da sílica na estabilidade térmica de compósitos de sílica pirogénica/epóxi. *Polym. Degrad. Stab.* **93**, 2133-2137 (2008).

62. Holt, A. P. *et al.* Dynamics at the polymer/nanoparticle interface in poly(2-vinylpyridine)/silica nanocomposites. *Macromolecules.* **47**, 1837-1843 (2014).

63. Wu, K. *et al.* Síntese e caraterização de um silsesquioxano oligomérico poliédrico funcional e seu retardamento de chama em resina epóxi. *Prog. Org. Coatings.* **65**, 490-497 (2009).

64. Zha, J. W., Dang, Z. M., Li, W. K., Zhu, Y. H. & Chen, G. Efeito de partículas micro Si3N4-nano-Al2O 3co-preenchidas na condutividade térmica, propriedades dieléctricas e mecânicas de compósitos de borracha de silicone. *IEEE Trans. Dielectr. Electr. Insul.* **21**, 1989-1996 (2014).

65. Singh, A. K., Panda, B. P., Mohanty, S., Nayak, S. K. & Gupta, M. K. Study on metal decorated oxidized multiwalled carbon nanotube (MWCNT) - epoxy adhesive for thermal conductivity applications. *J. Mater. Sci. Mater. Electron.* **28**, 8908-8920 (2017).

66. Luo, J., Luo, J., Li, X., Gao, Q. & Li, J. Efeitos do poliisocianato nas propriedades e no tempo de vida útil do bioadesivo à base de farinha de soja reticulada com resina epóxi. *J. Appl. Polym. Sci.* **133**, 1-7 (2016).

67. Chen, D. *et al.* Estabilidade térmica, propriedades mecânicas e ópticas de novos compósitos de PDMS curados por adição com sol de nano-sílica e resina de silicone MQ. *Compos. Sci. Technol.* **117**, 307-314 (2015).

68. Moon, J. *et al.* Adhesion Behavior of Catechol-Incorporated Silicone Elastomer on Metal Surface (Comportamento de Adesão do Elastómero de Silicone Incorporado com Catecol na Superfície Metálica). *ACS Appl. Polym. Mater.* **2**, 2444-2451 (2020).

# Capítulo IV

# *Resumo e conclusão*

O estudo intitulado "nanocompósito de polidimetilsiloxano para aplicações de vedantes" trata de um estudo pormenorizado sobre a síntese e caraterização de adesivos e vedantes à base de silicone para aplicações industriais e de envasamento. O desempenho dos nanocompósitos desenvolvidos foi analisado com base na sua reologia, propriedades mecânicas, propriedades térmicas, propriedades dieléctricas, condutividade térmica, propriedades de adesão, etc. A influência da estrutura química e da concentração do material de enchimento nas matrizes poliméricas também foi investigada em pormenor.

A síntese de nanocompósitos curados por condensação à base de OH-PDMS com diferentes proporções de peso de cargas. O nanocompósito foi preparado por um método de mistura de duas partes. As cargas utilizadas para a preparação dos nanocompósitos foram PMSQ, PVSQ e cargas de sílica. As cargas PSQ, tais como PMSQ e PVSQ, foram preparadas pela condensação hidrolítica dos organosilanos correspondentes num meio aquoso sob a ação de um catalisador básico. As nanoesferas de PSQ sintetizadas foram caracterizadas por FTIR, DLS e TGA. O tamanho das partículas de PMSQ e PVSQ foi de 497 ± 21 nm e 294 ± 16 nm, respetivamente, e o PVSQ apresentou maior estabilidade térmica do que as nanoesferas de PMSQ. Para a preparação dos nanocompósitos foram utilizados 1 a 4 wt% de cargas. O efeito da incorporação de cargas na matriz OH-PDMS foi avaliado em pormenor utilizando diferentes técnicas de caraterização. A análise reológica do nanocompósito OH-PDMS foi efectuada e o efeito das cargas nas propriedades de fluxo da matriz polimérica foi investigado. Verificou-se que a viscosidade dos nanocompósitos poliméricos aumenta com o aumento da carga de carga. Quando comparados com as cargas de PSQ, os nanocompósitos reforçados com sílica mostraram um aumento notável da viscosidade em relação à concentração de carga. Os nanocompósitos incorporados com PVSQ apresentam uma viscosidade mais baixa. No entanto, a viscosidade mais baixa do nanocompósito carregado com PVSQ é muito útil para a preparação de vedantes de duas partes.

As imagens SEM do PSQ mostram a superfície esférica e lisa e a fina dispersão das cargas PVSQ na matriz polimérica. O comportamento mecânico é considerado um aspeto crucial para o desenvolvimento de materiais para aplicações de selagem e envasamento.

As propriedades mecânicas dos nanocompósitos mostram uma melhoria considerável com a carga. Entre as cargas utilizadas, os nanocompósitos carregados com PVSQ apresentam propriedades mecânicas superiores quando comparados com outras cargas. A resistência à tração do nanocompósito incorporado com 4wt% de PVSQ (PV-4) foi 120% superior à do compósito puro. Um estudo térmico dos nanocompósitos mostra que a estabilidade térmica dos nanocompósitos aumentou significativamente com a adição de cargas. A condutividade térmica e as propriedades dieléctricas dos nanocompósitos também aumentaram com o aumento da proporção de carga. O tempo de vida útil é um dos parâmetros importantes para selantes e aplicações de envasamento. Os nanocompósitos reforçados com PVSQ apresentam um tempo de vida mais elevado de 66 minutos. O tempo de vida mais elevado torna-os mais aplicáveis em aplicações de vedantes. A resistência adesiva do selante nanocompósito é investigada através de ensaios de cisalhamento por sobreposição com o UTM. Os aderentes utilizados para o ensaio de cisalhamento são o alumínio e o aço macio. Verificou-se que a força adesiva do nanocompósito aumenta com o aumento da carga de enchimento. O nanocompósito carregado com PVSQ mostra uma maior força adesiva tanto no substrato de alumínio como no de aço macio. A transparência ótica do nanocompósito OH-PDMS mostra uma ligeira diminuição da transparência com o aumento da concentração de carga. Entre as cargas utilizadas, o nanocompósito à base de PVSQ apresenta uma maior transparência com uma carga de 4wt%.

Printed by Books on Demand GmbH, Norderstedt / Germany